JN073102

よくわかる

3級 QC検定

合格テキスト

品質管理検定学習書

豊富な問題と詳しい解説
最新レベル表に基づく新傾向問題を満載
この一冊で合格できる！

東京大学
工学博士　福井清輔　編著

弘文社

まえがき

　昨今では，日本製品の品質が極めて高いレベルであるということが，世界の人々に広く認識されている時代と言っても過言ではないと思われます。

　それは，長年にわたって日本企業をはじめ，大学人や官公庁などの多くの日本人関係者が努力してきた結果と言えるでしょう。

　そのような努力の基礎として品質管理の理論や手法があります。

　本書は，品質管理の基礎知識に関して，一般財団法人日本規格協会，および，一般財団法人日本科学技術連盟が主催する検定（品質管理検定：QC検定）を受験されようという方々のために，品質管理3級の理論や手法を学ぶための適切な学習書を提供する目的で用意しました。

　基礎からわかりやすく学習していただけるように編集してあります。

　品質管理3級は品質管理4級の内容を含みながらも，さらに高度な内容となっていますが，本書はその範囲もカバーして学習できるようになっております。

　また，発刊以来多数の皆様方のご好評をいただいて版を重ねて参りましたが，このたび，改定レベル表に基づいた最新試験傾向をより多く反映させた新訂版として，さらに充実した内容で，新たに発刊いたします。

　多くの資格試験の合格基準は一般的に60〜70％の正解となっています。品質管理検定も（年度ごとの問題の難易度により多少の合格基準の変動もあるようですが）おおよそ70％で合格です。100％の問題の正解を出さなければいけないというものではありません。ですから，「問題をすべて解かなければならない」と思われる必要はありません。コツコツと着実に少しずつ解ける問題を増やしていきましょう。

　本書を活用されて，多くの方が目標とされる品質管理検定の資格を取得され，就職活動などで活かしていただくのはもちろんのこと，所属されます組織の仕事においてもその実力を十分に発揮されますよう，期待しております。

著者

目　　　次

品質管理検定受検ガイド

1. 品質管理検定の概要

　品質管理検定はQC検定と略称されるもので，一般財団法人日本規格協会，および，一般財団法人日本科学技術連盟が主催しています。

　この検定試験は，一般社団法人日本品質管理学会が認定しているもので，製品品質の改善，コストダウン，企業体質改善を目的として，日本の産業界全体のレベルアップを支援するために行われています。

　一般社会人や学生を対象として，品質管理や標準化の考え方，その実施内容や品質管理手法に関して，筆記試験によって知識や能力のレベルを評価して，認定を付与するものです。その内容レベルが1級（準1級），2級，3級，および4級に分かれています。この制度によって，個人のレベルアップに加え，企業の組織力の向上なども期待できます。なお，準1級とは，1級の一次試験（マークシート方式）の合格者のことをいいます。

2. 品質管理検定の内容

区分	認定する知識・能力レベル	対象とされる人材イメージ
1級 （準1級）	・発生する様々な問題に対して，品質管理の面からの高度な解決能力を有していて，自ら課題解決を推進するレベル ・組織における品質管理活動のリーダー	・部門横断型の品質問題解決リーダー ・品質問題解決に関する指導的立場の技術者
2級	・発生する様々な問題に対して，QC七つ道具や新QC七つ道具を含む統計的手法を活用して問題解決に当たることができるレベル ・基本的な管理改善活動を自立的に行えるレベル	・属する部門の品質問題解決をリードできるスタッフ ・品質に関する部署の管理職やスタッフ
3級	・QC七つ道具および新QC七つ道具をほぼ理解して，リーダー等からの支援によって問題解決に当たることができるレベル	・職場の品質問題解決を行う全構成員 ・品質管理を学ぶ学生・生徒
4級	・組織の構成員として仕事の進め方や品質管理の基本的な基礎知識を理解するレベル	・初めて品質管理を学ぶ人 ・新入社員

3．級ごとの試験要領

区分	受検資格	試験方式	試験時間	受検料
1級	必要ありません （誰でも受検できます）	論述・マークシート方式	120分	10,000円程度
2級		マークシート方式	90分	5,000円程度
3級				4,000円程度
4級				3,000円程度

なお，関数電卓の持込みは許されておりません。一般電卓は可能です。

併願における受検料

併願する級	受検料
1級および2級	14,000円程度
2級および3級	9,000円程度
3級および4級	7,000円程度

※受検料は消費税等の事情で変更される場合もあ
ります。目安と考えて受検のつどご確認下さい。

4．合格基準

区分	全体の成績	科目ごとの最低基準		
		品質管理の手法	品質管理の実践	論述
1級	70%以上 （年度の難易度により 若干の変化あり）	50%以上	50%以上	50%以上
2級		50%以上	50%以上	─
3級		50%以上	50%以上	─
4級		─	─	─

5．試験日程

　毎年およそ3月と9月の2回にお
いて実施されています。

　申し込み受付は，その3〜4ヶ月
前になりますので，念のため各自早
めに事前確認をしておいて下さい。

　詳しくは，日本規格協会のホーム
ページ（http://www.jsa.or.jp）を
ご覧下さい。

各科目で
50%以上を正解して
全体で約70%以上を正解すれば
合格なんですね

30%わからなくても
いいと思うと
気が楽に
なりますね

本書の学習の仕方

　品質管理検定に限りませんが，どの資格でもあきらめずにあくまでも続けて頑張ることが重要です。「継続は力なり」といいますが，まさにその通りです。こつこつと努力されれば，たとえ遅くとも確実に実力がつきます。

　頑張っていただきたいと思います。

　本書は各章のそれぞれの節にまずその節で重要な**学習ポイント**を挙げております。まずは，この項目を学習目標に試験に出やすい基本事項を解説しています。それを学習いただいた後に，基本的な問題として**確認問題**を用意し，さらにその後に仕上げとして**実戦問題**を載せております。また，巻末には**模擬問題**も付けてあります。これらを存分に活用いただけるとよろしいかと思います。

　本書の学習の方法につきましては，基本的に学習される皆さんが，ご自分の目的やニーズに合わせて，最適と思われる方法で取り組まれることがよろしいでしょう。そのための目安として，本書では，各章の各節およびそれぞれの実戦問題ごとに次のような**重要度ランク**を設けております。必要に応じて参考にして下さい。

各章の各節

重要度 **A**：出題頻度がかなり高く，とくに重要なもの

重要度 **B**：ある程度出題頻度が高く，重要なもの

重要度 **C**：それほど多くの出題はないが，比較的重要なもの

実戦問題

重要度 **A**：出題頻度がかなり高く，とくに重要な問題

重要度 **B**：ある程度出題頻度が高く，重要な問題

重要度 **C**：それほど多くの出題はないが，比較的重要な問題

これらの重要度は，相対的なものではありますが，時間のないときには高いランクのものを優先して取り組むなど，学習にメリハリをつけるために参考にしていただくとよろしいかと思います。

品質管理検定試験に合格される方は「約70%以上の問題を正解される方」です。合格されない方は，「約70%の問題の正解を出せない方」です。

合格される方の中には，「すべてを理解してはいなくても，平均的に約70%以上の問題について正解が出せる方」が含まれます。逆に言いますと，約30%は正解が出せなくても合格できるのです。多くの合格者がこのタイプといってもそれほど過言ではないでしょう。

合格されない方の中には，「高度な理解力をお持ちであっても，100%を理解しようとして途中で学習を中断される方」も含まれます。優秀な学力をお持ちの方で，受験に苦労される方が時におられますが，およそこのようなタイプの方のようです。

いずれにしても，試験勉強はたいへんです。その中で，最初から「すべてを理解しよう」などとは思わずに，少しでも時間があれば，一問でも多く理解し，一問でも多く解けるように努力されることがベストであろうと思います。

なお，本書における数式計算はほとんどが高等学校の数Ⅰの範囲ですが，一部でp75の自然対数 $\ln(x)$ など数Ⅱの範囲の関数が出てきます。しかし，お分かりにならない計算の過程は飛ばしていただいて結果だけを学習される形でも結構です。

ふつうの国家試験では
法律の問題が
必ず出るものだけど‥

QC検定は国家試験ではないので
法律の問題は出ないというのが
嬉しいですね

でも，この資格は「公的資格」といわれるものなので
価値のある資格なんですね。

第1章

品質管理概論

品質管理って
どんなことなんだろう？

1 品質管理の基礎

学習ポイント

・品質管理とは何か？
・TQM，TQC，SQC の関係について
・品質マネジメントの7原則について

重要度

A

● ● ● 試験によく出る重要事項 ● ● ●

1 品質管理とは何か

　企業をはじめとする各種の組織の目的は，お客様（顧客，ユーザー）の要求に合致した品質の製品やサービスを経済的に提供して社会に貢献することにあるとされています。つまり目に見える製品のみならず，サービスにも品質があるという考え方が現在の主流です。直接部門だけでなく，間接部門の仕事にも品質があるということです。

　この「各種の組織」には，近年ではお役所なども含むと考えられていますが，このような形でそれらの組織を運営することが広く求められるようになっています。これが品質管理の出発点です。

「客」という言い方をするのと
「お客様」という言い方をするのとでは
意味は同じでも，お客様を大事にする
気持ちが違っているわよね

最近では，「お客様」という
言い方が定着してきている
ようですね

　また，「後工程はお客様」という言葉もあります。同じ社内であっても，後

ろの工程はユーザーであるという考えも徹底されてきています。このような考え方も各工程での「品質の作り込み」に寄与していると言ってよいでしょう。

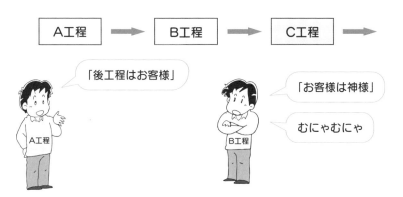

　品質管理の定義は，「買い手の要求に合った品質の品物またはサービスを経済的に作り出すための手段の体系」とされています。

　そのために，「市場の調査，研究・開発，製品の企画，設計，生産準備，購買・外注，製造，検査およびアフターサービスならびに財務，人事，教育など企業活動の全段階にわたり，経営者をはじめ管理者，監督者，作業者など企業の全員の参加と協力が必要である」とも書かれています。

　このような形で実施される品質管理を，通常は**総合的品質管理**（TQC, Total Quality Control, より最近では，より広くとらえて**TQM**, Total Quality Management）と呼んでいます。

　これに対して，これにも含まれますが，統計的な原理と手法に基づく品質管理を，**SQC**（Statistical Quality Control）と呼ぶことがあります。

　QC（品質管理）とQM（品質マネジメント）との関係について説明しますと，

・QC：品質要求を満たすことに絞った活動

・QM：品質に関して組織を指揮し，管理するための調整された活動で，一般に次の①〜⑤を含みます。

①　品質方針および品質目標（品質に関する方針および目標）の設定

②　品質計画

③　品質管理

④　品質保証

⑤　品質改善

　また，QMをシステム（体系）としてとらえて，QMS（Quality Management System）ということもあります。

　TQMとTQCとSQCの関係は次の図のようなものとなります。

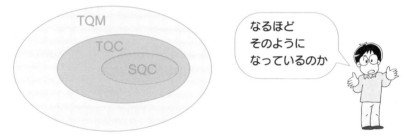

図1−1　TQM，TQC，SQCの間の関係

　いずれにしても，TQMの展開は，お客様の要求を重視して，全員参加で，管理方法を継続的に改善して行うことが基本となっています。

　そのような中でも，お客様だけではなく製造側の従業員も含めての人間性の尊重ですし，従業員の満足度も高くなければなりません。

2 JIS と ISO

国際標準化機構（ISO, International Organization for Standardization）は，電気分野を除く工業分野の国際的な標準である国際規格を策定するための民間の非政府組織ですが，その機構が品質の国際規格（国際標準）として ISO 9000 を定めています。

ISO 9000が，JIS（日本産業規格，Japanese Industrial Standards）にも反映されて JIS Q 9000となっています。JIS については，p 53表 1 - 4 を参照下さい。

国際標準化機構では，グローバル化されている世界経済の中で，製品やサービスの自由な流通を促進するために，企業などの組織の品質マネジメントシステムを第三者がこの規格に基づいて審査して登録する制度を作っています。

ISO 9000の仲間には一連のシリーズのものがあり，複数形として ISO 9000 s と表現されています。ISO 9000ファミリー規格とも言われています。

表 1 - 1　ISO 9000ファミリーのコア規格

規格の番号	その内容
ISO 9000	品質マネジメントシステム（基本および用語）
ISO 9001	品質マネジメント（要求事項）
ISO 9004	品質マネジメントアプローチ（組織の持続的成功のための運営管理）
ISO 19011	品質および／または環境マネジメントシステム監査のための指針

注）JIS ではこれらの番号に Q を付けて反映されています。（JIS Q 9001など）

3 品質マネジメントの7原則

　組織のトップにとって必要となる原則です。以前の8項目に代わって，ISO 9001：2015で表1－2の7項目になりました。p16に出てきた三本柱もここには含まれていますね。

表1－2　品質マネジメントの7原則

7原則	その内容
1．顧客重視	組織は，その顧客（お客様）に依存しているため，現在および将来の顧客ニーズを理解し，顧客要求事項を満たし，顧客の期待に添えるように努力すべきこと
2．リーダーシップ	組織のトップたるリーダーは，組織の目的と方向とを一致させるべきこと
3．人々の積極的参加	組織を構成するメンバー全員の積極的な参画によってその能力を活用すべきこと
4．プロセスアプローチ	組織の活動と関連資源（原材料や用役等）とが好ましいプロセス（処理過程）として合理的に運営管理されることで，望まれる結果が効率よく達成されるべきこと
5．改善	組織の総合的パフォーマンス（実行力）の継続的改善を組織のたゆまざる目標とすべきこと
6．客観的事実に基づく意思決定	客観的事実（データや情報）の分析に基づいて，効果的に意思決定を行うべきこと
7．関係性管理	組織および組織に対する供給者，並びに，組織が供給する相手は，相互に依存していて，両者の互恵関係（互いにメリットを受ける関係）を重視すべきこと

これらの原則は
それぞれ言われてみれば
当然のことだと思われるけど
こういうことが
品質マネジメントには
大事なのね

　この品質マネジメントの原則は，それぞれがかなり重要な意味を持っています。検定試験対策として表1－2は何度も目を通しておかれるとよいでしょ

う。この表において，プロセスとは「手順」あるいは「手続き」，リーダーは指導者，メリットは利益ですね。

4 品質マネジメントシステムの認証制度

　品質マネジメントシステムの認証制度とは，組織を利用する顧客が組織を直接審査することは困難ですので，代わりに第三者である認証機関（審査登録機関）が審査，登録，公表を実施する制度（第三者認証制度）です。

　組織は認証機関の審査を受け，認証機関は認定機関の認定を受ける構造となっています。認証機関を認定する認定機関は，基本的に各国に一つだけとされており，日本の場合にはJAB（公益財団法人日本適合性認定協会）となっています。

　ISO 9001を認証取得して，このシステムに基づいて品質管理および品質保証活動を運用してゆくことの主なメリットには次のようなものがあります。

① 顧客満足度の向上
② 国際競争力の獲得
③ 業務のマニュアル化が可能となり信頼性が向上

ISO9000 シリーズが品質の規格で
ISO14000 シリーズが環境の規格なんだね

知識・実力の確認をしましょう。○か×か考えてみて下さい。

( ) **問1**：英語であるクォリティ・コントロールは品質管理と訳される
が，近年ではより広く捉えてクォリティ・マネジメントとさ
れることが多くなっている。前者をQCと書けば後者はQM
と書かれる。

( ) **問2**：TQMの展開は，顧客の要求を重視して，管理方法を継続的
に改善して行うことが基本となっているが，一般に全員参加
までは要求されていない。

( ) **問3**：近年では，企業のトップも「客」や「顧客」と言わずに「お
客様」と言うことが多くなってきている。

( ) **問4**：品質マネジメントシステムの認証機関を認定する認定機関
は，基本的に各国に一つだけとされている。

( ) **問5**：ISOの各規格の多くは，日本工業規格にも反映されている。

● ● ● 正解と解説 ● ● ●

正解　問1：○　問2：×　問3：○　問4：○　問5：○

問1 解説 （○）
　　記述の通りです。コントロールよりもマネジメントのほうが広い概念なの
ですね。

問2 解説 （×）
　　TQMの展開は，お客様の要求を重視して，管理方法を継続的に改善して
行うことはもちろんですが，全員参加で行うことも基本となっています。

問3 解説 （○）
　　記述の通りですね。テレビのインタビューなどで皆さんもよく聞かれてい
るのではないかと思います。

問4 解説 （○）
　　やはり記述の通りです。基本的に各国一つずつです。

問5 解説 （○）
　　かなりのISO規格が，日本工業規格にも反映されています。

問題1 重要度 Ⓐ

品質管理について，次の文章の ▢ に入るもっとも適切なものを下欄の選択肢から選んでその記号を解答欄に記入せよ。ただし，各選択肢を複数回用いることはない。

企業や組織の ⑴ である製品や ⑵ の品質は，企業や組織を構成する全員の ⑶ の進め方に影響を受けると言ってもよい。そのための ⑷ を効果的に推進するためには，企業や組織のあらゆる部門のメンバーが参画して全員の ⑸ を合わせて行動することが必要である。これが ⑹ である。

【選択肢】

ア．サービス	イ．全員参加	ウ．礼儀
エ．アウトプット	オ．ベクトル	カ．しきたり
キ．品質管理	ク．習慣	ケ．仕事

【解答欄】

⑴	⑵	⑶	⑷	⑸	⑹

問題2

重要度 Ⓑ

ISO 9000ファミリー規格のいくつかを示す表において，(7)〜(10)の
それぞれに対して適切なものを選択肢欄から選んでその記号を解答欄
に記入せよ。ただし，各選択肢を複数回用いることはない。

規格番号	その内容
(7)	品質マネジメントシステム（基本および用語）
(8)	品質マネジメント（要求事項）
(9)	品質マネジメントアプローチ（組織の持続的成功のための運営管理）
(10)	品質および／または環境マネジメントシステム監査のための指針

【選択肢】

ア．ISO 9000	イ．ISO 9001	ウ．ISO 9002
エ．ISO 9003	オ．ISO 9004	カ．ISO 9005
キ．ISO 9006	ク．ISO 9007	ケ．ISO 9008
コ．ISO 9009	サ．ISO 9010	シ．ISO 19011

【解答欄】

(7)	(8)	(9)	(10)

問題3

重要度 **C**

品質マネジメントには7つの原則があると言われる。次の表において，(11)～(17)のそれぞれに対して適切なものを選択肢欄から選んでその記号を解答欄に記入せよ。ただし，各選択肢を複数回用いることはない。

7原則	その内容
(11)	組織および組織に対する供給者，並びに，組織が供給する相手は，相互に依存していて，両者の互恵関係を重視すべきこと
(12)	組織の総合的パフォーマンス（実行力）の継続的改善を組織のたゆまざる目標とすべきこと
(13)	組織を構成するメンバー全員の積極的な参画によってその能力を活用すべきこと
(14)	組織の活動と関連資源とが好ましいプロセスとして合理的に運営管理されることで，望まれる結果が効率よく達成されるべきこと
(15)	組織のリーダーは，組織の目的と方向とを一致させるべきこと
(16)	客観的事実（データや情報）の分析に基づいて，効果的に意思決定を行うべきこと
(17)	組織はその顧客に依存する。顧客ニーズを理解し，顧客要求事項を満たし，顧客の期待に添えるよう努力すべきこと

【選択肢】

ア．人々の積極的参加　　　イ．顧客重視　　　ウ．提案

エ．消費者ニーズ　　　オ．クレーム　　　カ．改善

キ．リーダーシップ　　　ク．関係性管理　　　ケ．発明

コ．客観的事実に基づく意思決定　　　サ．プロセスアプローチ

【解答欄】

(11)	(12)	(13)	(14)	(15)	(16)	(17)

実戦問題 解答と解説

問題1

解答

(1)	(2)	(3)	(4)	(5)	(6)
エ	ア	ケ	キ	オ	イ

解説

正解を入れて，あらためて文章を掲載しますと，次のようになります。

企業や組織のアウトプット（あるいは特性）である製品・サービスの品質は，企業や組織を構成する全員の仕事の進め方に影響を受けると言ってもよい。そのための品質管理を効果的に推進するためには，企業や組織のあらゆる部門の人たちが参画して全員のベクトルを合わせて行動することが必要である。これが全員参加である。

文中のベクトルとは数学上の用語ですが，最近では一般にも使われる言葉になっているかもしれませんね。ベクトルとは，大きさと向き（方向）を持っている量のことで，同じ向きのベクトルは足し算すれば大きさが大きくなるのに対し，反対方向のベクトルを足し算すると大きさはその差となって小さくなるという性質があります。

問題2

解答

(7)	(8)	(9)	(10)
ア	イ	オ	シ

解説

(9)および(10)などは若干難しくなりますが，これらを正しく表に入れますと，次のようになりますね。

規格の番号	その内容
ISO 9000	品質マネジメントシステム（基本および用語）
ISO 9001	品質マネジメント（要求事項）
ISO 9004	品質マネジメントアプローチ（組織の持続的成功のための運営管理）
ISO 19011	品質および／または環境マネジメントシステム監査のための指針

　本問に出ている規格については，それぞれ重要です。ただし，ここに挙げられていない規格もありますが，それらはとくに押さえておく必要はないでしょう。

問題3

解答

(11)	(12)	(13)	(14)	(15)	(16)	(17)
ク	カ	ア	サ	キ	コ	イ

解説

　各原則のそれぞれの内容については，本文（p 18）を参照下さい。

　アプローチとは近づくことです。ここでは，望ましい状態に近づくことを意味しています。

　7原則の名前とその内容については，何度も眺めておいて下さい。

君の行動の原則は
いくつあるんですか？

2 品質とは何か

●●● 試験によく出る重要事項 ●●●

1 品質とは

　品質とはよく使われる言葉ですが，JIS におけるその定義は「本来備わっている特性の集まりが，要求事項を満たす程度」（JIS Q 9000）ということになっています。「品質」という用語は，Quality の訳語としての日本語で，漢字の「品」も「質」も意味としてはほぼ同じです。1954年に来日して日本の品質管理の発展に寄与したジュラン博士の定義も「品質とは，使用目的に対する適合（fitness for use）」となっています。

　品質管理における品質とは，品物（つまり，製品）の特性だけではなく，近年ではサービスの特性も含むこととして考えられています。つまり，お役所などの行政サービスも含むことになります。また，その特性も，その品物の目的特性だけではなく，使いやすさ，安全性，無害性などの周辺特性も含むものとして考えられています。

　コスト（Cost，原価，価格）およびデリバリー（Delivery，納期，供給生産量）をそれぞれ C および D とし，通常にいう品質（狭義の品質，製品・サービスの特性そのものの品質）を Q として，**QCD を広義の品質**と呼ぶこともあります。さらには，安全性（Safety）を S として加えて，QCDS とする場合もあります。

広い意味で言うと
君らのことを
まとめて品質と言うんだね

また，品質を最優先に考えて企業活動をすることを**品質第一の行動**と呼び，これにより消費者の信頼を得ることができて売上も向上するという考え方が重要です。これがp14で述べた「お客様を優先する立場」ということです。

2 品質要素

品物やサービスの品質を検討するに当たり，品質を構成する基本事項に分解して，行うことが重要です。そのような検討方法を**品質展開**ということがあります。その基本品質事項を**品質要素**と呼びますが，それには，機能，性能，操作性，信頼性，安全性などが含まれます。それらをより具体的に表現した尺度レベルなどを**品質特性**といいます。

3 品質に関する各種用語

品質に関係した多くの用語がありますので，整理してみます。

a）要求品質

製品に対する要求事項の中で，品質に関するもののことです。

b）設計品質（ねらい品質）

要求品質を正しく把握して，それを実現することを意図した品質です。

c）製造品質（できばえ品質，合致品質，適合品質）

設計品質を実現できた程度をいいます。

> 設計品質とか製造品質と言われても
> いまいちピンとこなかったけど
> ねらい品質とかできばえ品質と言えば
> 意味がわかりやすいですね

d）品質規格

品質に要求される具体的事項をいいます。

e）品質水準

品質特性の程度をいいます。

f）品質目標

現在は実現できていないが，ある時期までに実現できることが期待される品質水準のことです。主に，研究部門や設計・技術部門に与えられます。

g）品質標準

現時点の技術によって実現できる品質水準で，現在では一応満足されているレベルです。より厳密にいえば，他の模範や手本となる品質水準のことで

す。通常は，製造部門に与えられます。

h）使用品質

品物を使用するときの使い良さをいいます。

i）官能特性（感性品質）

品質のうち，人間の感覚によって判断されるものをいいます。

j）代用特性

直接に測定することが困難な品質特性を，別な品質特性で置き換えたものをいいます。

k）一元的品質要素

それが満たされれば満足，満たされなければ不満を引き起こす品質要素をいいます。

l）当たり前品質要素

満たされれば「当たり前」と受け取られるが，満たされなければ不満を起こす品質要素をいいます。一元的品質要素が進んで「当たり前」となるような場合です。

m）魅力的品質要素

満たされれば「当たり前」と受け取られるものではあるが，満たされなくても「仕方ない」と受け取られる品質要素をいいます。

n）無関心品質要素

満たされていてもそうでなくても，満足感を与えず不満も起こさない品質要素です。「あってもなくても私には影響ない」というような場合です。

o）逆品質要素（逆評価品質）

（表現が逆説的になりますが）満たされているのに不満を引き起こす品質要素や，逆に満たされていなくても満足感を与える品質要素があることもあります。満たされていることが一部のユーザーにとっては不快になるようなものも，まれにはあります。

ぼくは
パソコンソフトのワードの
お節介機能がとっても不快だね

そうだね
①を文の始めに書いて改行すると
勝手に見出し数字にされてしまったり
小文字のままでいい時に
頭文字を大文字にされてしまうことも
あるよね

4　デミング・サイクル

　アメリカのデミング博士が品質管理の活動を次のような段階としてとらえ，これを図のような回転する車輪のような図で表わしています。これをデミング・サイクルと呼んでいます。

　このデミング・サイクルが回っていくと進歩や発展につながるということです。

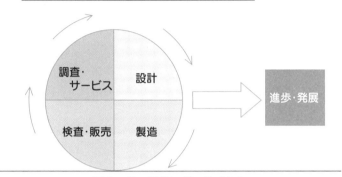

図1－2　デミング・サイクル

このサイクルを回すことが
デミング博士の
おすすめなのですね

デミング博士も
戦後の日本の産業を
指導していただいた
ありがたい先生なのですね

5 品質と消費者指向

　品物の品質を**ハードの品質**と表現しますと，サービスの品質は**ソフトの品質**ということができます。いわゆるハードウエアとソフトウエアの考え方です。この両面から顧客の満足(CS, Customer Satisfaction，あるいは Consumer Satisfaction) を満たすことが重要とされます。このような消費者優先の考え方を**コンシューマリズム**（消費者主義）ということがあります。

　顧客という概念は近年では広く捉えられていて，直接に品物を購入する立場の顧客に加えて，工場の中でも「後工程は前工程のお客様」とも言われ，また，経理や労務などの事務部門やサービス部門などにとっても担当する部署を「お客様」と捉えることで業務改善を図ることが多くなっています。

　さらに，従来型の**プロダクトアウト**（製品を作る側の都合を優先する立場）よりも，**マーケットイン**（市場，すなわち，製品を消費する側のニーズを優先する立場）が重要視されてきています。

　つまり，最終的な品質管理の目標は，基本的に顧客の満足を得ることであるという考え方が，より徹底されてきています。

6　品質と社会的影響

　顧客の満足に加え，とくに重要度を増しているものとして，社会的影響があります。つまり，次のような側面の品質問題です。

a）生産過程における品質問題

　　資源・エネルギーの使用（資源調達，省エネルギー），振動や騒音，工場廃棄物などが与える影響

b）製品使用段階の品質問題（製品安全）

　　使用中の変質，安全性，他者への危害，保守サービスなどの側面

c）使用後の品質問題

　　廃棄物としての公害，環境保全，資源リサイクルなどの側面

　これらのような企業の社会的責任という考え方も近年重要視されています。製品が与える様々な影響に対する製造側の責任を**製造物責任**（PL，Product Liability）といっています。これには，場合によっては**無過失責任**（製造者に過失がなくても実害がある場合の責任）も含まれます。PL は**製造物責任法**（**PL法**）に基づいています。これらを含めて，品物の生産から使用を経て廃棄に至るまでのトータルコストを（通常の生産コストと対比して）**ライフサイクルコスト**（LCC，Life Cycle Cost）と呼んでいます。

ぼくらそれぞれの段階での品質というものがあるんだね

使用前　使用中　使用後

知識・実力の確認をしましょう。○か×か考えてみて下さい。

( ) **問1**：品質管理における品質に，サービスの特性を含むことは一般にはありえない。

( ) **問2**：広義の品質には，狭義の品質に加えてコストとデリバリーが含まれる。ときには安全を含めて考えることもある。

( ) **問3**：CSと略される顧客満足とは，カスタマー・サービスあるいはコンシューマー・サービスの日本語である。

( ) **問4**：製品の製造において，従来の考え方としてマーケットインが主流であったが，最近ではプロダクトアウトが多くなってきている。

( ) **問5**：製品が与える様々な影響に対する製造側の責任は，製造物責任と呼ばれ，PLと略記される。

● ● ● 正解と解説 ● ● ●

正解 問1：× 問2：○ 問3：× 問4：× 問5：○

問1 解説 （×）

品質管理における品質とは，品物の特性だけではなく，近年ではサービスの特性も含むこととして考えられています。

問2 解説 （○）

これは記述の通りです。いくつかの立場があります。

問3 解説 （×）

顧客の満足はCSですが，これはカスタマー・サティスファクション，あるいは，コンシューマー・サティスファクションとされています。

問4 解説 （×）

記述は逆になっています。従来はプロダクトアウト（製品を作る側の都合を優先する立場）が多かったのですが，最近ではマーケットイン（製品を消費する側のニーズを優先する立場）が重要視されてきています。

問5 解説 （○）

これも記述の通りです。PLはプロダクト・ライアビリティーの略です。

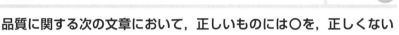

実戦問題

問題1

重要度 Ⓐ

　品質に関する次の文章において，正しいものには○を，正しくない
ものには×を解答欄に記入せよ。

① 要求品質とは，製品に対する要求事項の中で，品質に関するもののことである。　　　　　　　　　　　　　　　　　　　　　　(1)

② 設計品質とは，ねらい品質とも呼ばれ，要求品質を正しく把握して，それを実現することを意図した品質をいう。　　　　　　　　　　(2)

③ 製造品質とは，できばえ品質，合致品質，適合品質などとも呼ばれ，設計品質を実現できた程度をいう。　　　　　　　　　　　　　(3)

④ 品質標準とは，品質特性の程度をいう。　　　　　　　　　　(4)

⑤ 官能特性とは，品物を使用するときの使い良さをいう。　　　(5)

【解答欄】

(1)	(2)	(3)	(4)	(5)

問題2

重要度 B

　品質に関する次の文章において，(6)〜(9)のそれぞれに対して適切なものを選択肢欄から選んでその記号を解答欄に記入せよ。ただし，各選択肢を複数回用いることはない。

　消費者を別として，製造者側の事情を優先して企画や設計および製造，販売する活動を ___(6)___ といい，その逆に，消費者の要望を重視してそれに適合させるように製造者が企画や設計および製造，販売する活動を ___(7)___ という。近年では，顧客の ___(8)___ ニーズをいかに察知して具現化するかということが ___(9)___ を向上させることにとって重要とされている。

【選択肢】
　ア．マーケットイン　　　イ．プロダクトミックス　　ウ．潜在的
　エ．顕在的　　　　　　　オ．顧客満足度　　　　　　カ．プロダクトアウト
　キ．マーケッティング　　ク．市場開拓

【解答欄】

(6)	(7)	(8)	(9)

問題3

品質に関する次の文章において，(10)〜(16)のそれぞれに対して適切なものを選択肢欄から選んでその記号を解答欄に記入せよ。ただし，各選択肢を複数回用いることはない。

品質特性とは，要求事項に関連するものであって，　(10)　やプロセスあるいはシステムに本来備わっている特性のことをいう。その品質特性は，　(11)　と　(12)　とに分けることができる。　(11)　とは，顧客が要求している品質特性のことで実用特性ともいう。　(11)　には，性能特性として計測が可能な機能品質もあるが，人間の感性によって評価され判定される　(13)　もある。　(12)　とは，要求される品質特性を直接計測することが困難な場合に，その代用として用いる別の品質特性のことである。品質の良さの程度を　(14)　といっている。

【　(10)　〜　(14)　の選択肢】

ア．代用特性　　　イ．官能特性　　　ウ．品質水準

エ．真の特性　　　オ．品質標準　　　カ．品質目標

キ．製品　　　　　ク．顧客要求　　　ケ．逆品質要素

安定した水準の品質を持つ製品を作り続けるためには，次の二つの両方を行うことが必要である。

1）製品プロセスの条件の管理

2）製品のできばえである　(15)　の管理

ここで，2）の　(15)　の管理を行うためには，その製品品質を示す　(16)　値を測定し，その値が常に望ましい水準にあることを確認することが必要である。

【　(15)　〜　(16)　の選択肢】

ア．設備　　イ．基準　　ウ．標準　　エ．成行　　オ．特性

カ．代替　　キ．結果　　ク．作業　　ケ．範囲

【解答欄】

(10)	(11)	(12)	(13)	(14)	(15)	(16)

実戦問題 解答と解説

問題1

解答

(1)	(2)	(3)	(4)	(5)
○	○	○	×	×

解説

①～③はそれぞれ正しい記述となっています。

④ 品質標準とは，品質特性の程度ではなくて，現時点の技術によって実現できる品質水準であって，現在では一応満足されているレベルをいいます。品質特性の程度とは，品質水準のこととなります。

⑤ 官能特性とは，品物を使用するときの使い良さのことではなくて，品質のうち，人間の感覚によって判断されるものをいいます。品物を使用するときの使い良さは，使用品質といわれます。

問題2

解答

(6)	(7)	(8)	(9)
カ	ア	ウ	オ

解説

正解を入れて，あらためて文章を掲載しますと，次のようになります。それぞれの用語の意味をご確認下さい。

消費者を別として，製造者側の事情を優先して企画や設計および製造，販売する活動をプロダクトアウトといい，その逆に，消費者の要望を重視してそれに適合させるように製造者が企画や設計および製造，販売する活動をマーケットインという。近年では，顧客の潜在的ニーズをいかに察知して具現化するかということが顧客満足度を向上させることにとって重要とされている。

問題 3

解答

(10)	(11)	(12)	(13)	(14)	(15)	(16)
キ	エ	ア	イ	ウ	キ	オ

解説

　それぞれの ▭ の中に正解を入れて，あらためて文章を掲載しますと，次のようになります。

　それぞれの用語の意味のちがいを，確認しておいて下さい。

　品質特性とは，要求事項に関連するものであって，製品やプロセスあるいはシステムに本来備わっている特性のことをいう。

　その品質特性は，真の特性と代用特性とに分けることができる。

　真の特性とは，顧客が要求している品質特性のことで実用特性ともいう。真の特性には，性能特性として計測が可能な機能品質もあるが，人間の感性によって評価され判定される官能特性もある。

　代用特性とは，要求される品質特性を直接計測することが困難な場合に，その代用として用いる別の品質特性のことである。

　品質の良さの程度を品質水準といっている。

　安定した水準の品質を持つ製品を作り続けるためには，次の二つの両方を行うことが必要である。

１）製品プロセスの条件の管理

２）製品のできばえである結果の管理

　ここで，2）の結果の管理を行うためには，その製品品質を示す特性値を測定し，その値が常に望ましい水準にあることを確認することが必要である。

この問題では
管理ということの重要性に
触れられていますが
管理については
次の節で詳しく学習しますよ

第1章

3 管理とは何か

学習ポイント

・方針管理と日常管理
・PDCA と SDCA
・事実に基づく管理と重点志向

重要度
C

● ● ● 試験によく出る重要事項 ● ● ●

　管理とは，英語では比較的狭い意味ではコントロール，比較的広い意味ではマネジメントに対応しています。組織の目的を効率的かつ合理的に達成するための計画と統制を行う組織的な活動を指していう言葉です。その中には，**方針管理**や**日常管理**があります。

1 方針管理

　方針管理とは，組織において組織目的を達成するための手段として制定された中長期的経営計画，あるいは，年度毎の経営方針を体系的に実行するためのすべての活動をいいます。

　その方針の策定においては，組織の使命，理念，あるいは，ビジョン，および中長期経営計画に基づいて，組織の進むべき方向を明確にした方針を策定することが重要です。

2 日常管理

　日常管理とは，組織に属する各部門の担当業務について，その目的を効率的，合理的かつ継続的に達成するため，日常に行うべきすべての組織的活動をいいます。品質においても，その品質水準を維持し向上していくという管理があります。当然のことですが，この日常管理の進行は，方針管理における方針とのすり合わせができていなくてはなりません。

　日常管理には，次の4つのステップがあり，**管理のサイクル**（頭文字をとって，**PDCA** と略されます）と呼ばれます。以前は，**PDS**（plan-do-see）と言われていました。

a）計画（プラン　P，plan）：目的を決めて，達成に必要な計画を設定します。

b）**実施（ドゥー　D，do）**：計画に従って実行します。

c）**確認（チェック　C，check）**：実行した結果を確認して評価します。

d）**処置（アクト　A，act）**：確認して評価した結果に基づいて適切な処置や改善をします。

図1－3　管理のサイクル

　本章の2（p29）で出てきましたデミング・サイクルのような形をしていますが，このようなサイクルを実行してゆくことを管理のサイクルを回す（PDCAを回す）ともいいます。処置Aが終われば次の計画Pがスタートします。この段階では，一回前のPより水準が向上していなければなりません。つまり，徐々に上がっていきますので，スパイラルアップ（螺旋的向上），あるいは，スパイラルローリングともいわれます。これが進歩や発展につながります。

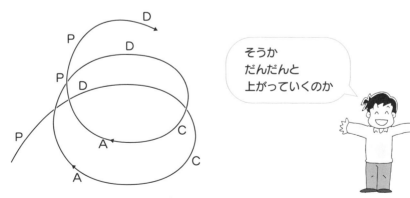

図1－4　スパイラルローリングによる
　　　　改善のイメージ

一旦向上すると，その段階では以前より高い水準の状態が**標準**（S, standard）となりますので，標準のSから始まってSDCAと表現されることもあります。Dだけの場合に対して，Sが加わり，CAが加わり，さらに，Pが機能した場合の比較をしてみて下さい。PDCAがSDCAより相対的に改善度（傾き）が大きい図になっています。

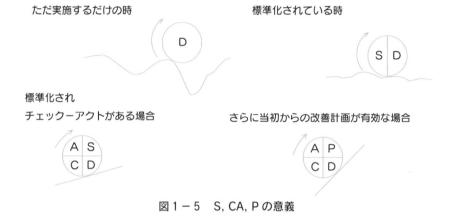

図1－5　S, CA, Pの意義

3　事実に基づく管理（ファクトコントロール）

品質管理においては，事実に基づく管理であるということが，近代的な科学的品質管理の特徴です。事実をデータで示して現状を把握し，原因と結果の関係を調べて対処することが重要です。手法としてできるだけ統計的手法を活用して解析を実施し，改善効果もデータという事実で評価します。

4　重点志向（重点指向）

取り組むべき対象が複数ある場合には，特に重要とみられるものや効果の大きいものから取り組むという原則があります。後述のパレート図（QC七つ道具の一つ，第2章の2，p 99）においても効果や影響の大きい順に並べるという意義はそこにあります。

5　対策は源流にさかのぼる（源流志向あるいは指向）

現状を検討して策定する対策は，可能な限りおおもと（源流）の原因にさか

のぼったものでなければなりません。この考えについて「対策は源流にさかのぼる」と表現することがあります。

　一般にさかのぼればさかのぼるほど根本的な対策となります。ただし，根本的な対策は，実行しようとするとお金がたくさんかかることが多く，実際にもう少し簡単な（現実的な，コストの安い）案を実行するか，抜本的な改善案を実施するべきかを判断するのが，組織の管理者の仕事でしょう。

さて，源流にさかのぼるべきなのだろうか？

源流にさかのぼる改善案は
ふつう抜本的な効果が期待できますが
お金がかかることも多いですね
予算がない場合は，小さな改善で
とどめておかなければならないことも
あるでしょう

その判断は管理職の仕事でしょうね

6 目的志向（目的指向）

　基本的に全ての組織の全ての業務には目的があるはずですね。したがって，すべての業務において，行われる仕事はその目的に向かってなされるべきです。これを目的志向といいます。

7 管理点と点検点

　管理項目は「管理点」と言われ，管理のサイクルのチェック段階で活用し，

結果でチェックできるもので数量化し，判定基準（目標値・計画線・処置限界線）をもち，管理図や管理グラフなどを用いてグラフによる管理をするのがよろしいでしょう。

　これに対し，結果に影響を及ぼす個々の原因系の点検項目を「点検点」といいますが，点検点は，「要因をチェックする」，あるいは，「プロセスを管理する」もので，管理項目に影響する要因・環境のうちチェックしておく必要のある項目のリスト（管理項目一覧表）ということになります。

8　トラブル対策

　製造現場においても，あるいは，販売現場などにおいても，日常では，思いもよらないトラブルが起こることがあります。

　まず，そのようなトラブルが発生した場合には，とりあえず取るべき処理としての**応急処置**が重要です。当面の処置が済んだ後は，今後において同じトラブルが起こらないような方策をとる必要があります。これが**再発防止**です。さらには，今後似たようなトラブルをも防御するために，起る前に防ぐという**未然防止**という姿勢が肝要です。あらかじめ起こりそうなトラブルを**予測予防**することが求められます。

そりゃあ
再発防止は
しないとね…

9　方針の管理

　ここまで述べてきた管理というのは，いずれも仕事の基本です。はじめに設定した方針管理の方針に沿って全ての業務が進められているかどうかの確認を必要とします。そしてその達成度を評価し反省する工夫が必要です。それを次期の方針に反映させなければなりません。

10　マトリックス管理

　従来のタテ型の組織管理に対してヨコ型の機能別体系にした組織で管理される形態を言います。

　より詳しく言いますと，日本の企業組織はピラミッド型組織，つまり部門別のタテ割り組織を重視して発展してきましたが，マトリックス管理とは，タテ

組織とヨコ組織である「職能別管理」を組み合わせた組織運営のマネジメントを意味することになります。さらには顧客志向の企業横断組織のマネジメントとして発展しているものもあります。

　これらの形をした組織をマトリックス組織ということもあります。また，タテの組織に「横ぐし」としての機能を持たせることで，機能横断組織ということもあります。タテ組織の各部門から特定の目的のためにメンバーを集めて構成するチームを機能横断型チーム（クロスファンクショナルチーム，cross-functional team, CFT）といいます。

> マトリックスって数学では行列という意味ですよね

> そうですが，ここではタテ組織とヨコ組織が入り混じっていることを言っているのですね

11　職務分掌

　職務分掌とは，あらゆる組織においてそれぞれの部門の担当者が職務として果たすべき責任（職責）や，その職責を果たす上で必要な権限（職権）を明確にするために，職務ごとの役割を整理・配分することをいいます。

　多くの企業や組織では，個別の部門・部署や役職，あるいは特定の担当者について，それぞれの仕事の内容や権限・責任の範囲などを定義し，明示しています。このような文書を「職務分掌規定」または「職務分掌表」などと呼んでいます。

12　人材育成

　これまでに述べてきました各項目の基礎になるものとして，**人材育成**が挙げられます。「組織作りは人作り」とまで言われるように，これが品質経営の根幹となるものでしょう。それぞれの組織において，品質教育あるいは品質管理教育を体系的に行うことが重要です。

知識・実力の確認をしましょう。○か×か考えてみて下さい。

( ) 問1：組織における管理とは，組織の目的を効率的かつ合理的に達成するための計画と統制を行う組織的な活動を指していうもので，その中には，方針管理と日常管理とがある。

( ) 問2：日常管理には4つのステップがあり，管理のサイクルと呼ばれているが，それはそれぞれの頭文字をとって，PDCAと略される。

( ) 問3：PDCAサイクルは，以前はPDCと呼ばれていた。

( ) 問4：PDCAサイクルは，標準をスタンダード（S）としてSDCAサイクルを組み込んで表現されることもある。

( ) 問5：事実に基づく管理を事実志向といい，また，おおもとの要因にさかのぼって対策を取ろうとする姿勢を重点志向と言っている。

・・・● 正解と解説 ●・・・

正解 問1：○ 問2：○ 問3：× 問4：○ 問5：×

問1 解説 （○）

記述の通りです。方針管理と日常管理については，どの立場のメンバーが，どのように行うべきであるのかをよく考えてみて下さい。

問2 解説 （○）

これも記述の通りです。「プラン・ドゥー・チェック・アクト」と何度も繰り返して口ぐせのように言えるように練習しましょう。以前はアクトのところをアクションと言ったこともありましたが，他の3つと同列に「動詞」の形で統一されて，アクトになっています。

問3 解説 （×）

PDCAサイクルは，以前はPDSと呼ばれていました。Sはsee（発音はCと同じですが）の頭文字です。シーをチェックとアクトに分解し，より詳しくしたことになります。

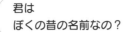

問4 解説 （○）

　記述の通りです。標準化については次項の4で学習しますが，改善が重要であることと同様に，標準を持つことも重要です。

問5 解説 （×）

　事実に基づく管理を事実志向ということは正しいことですが，おおもとの要因にさかのぼって対策を検討する姿勢は源流志向といっています。重点志向と源流志向は，それぞれ重要な考え方ですので，それらの違いをよく考えて下さい。

　なお，事実に基づかない管理をKKDなどということもあります。経験・勘・度胸という意味ですが，そのようなことに頼らない管理が重要ですね。

実戦問題

問題1

 重要度 A

目標に関する次の文章において，(1)～(4)のそれぞれに対して適切なものを選択肢欄から選んでその記号を解答欄に記入せよ。ただし，各選択肢を複数回用いることはない。

目標とは，方針あるいは □(1)□ の達成のために目指すべき到達点のことをいい，目標の達成を管理するために □(2)□ として選んだ項目を □(3)□ という。目標を達成するために選ばれる手段を □(4)□ といい，組織として重点的に取り組んで達成すべき事項を □(1)□ と呼んでいる。

【選択肢】

ア．トップダウン	イ．ボトムアップ	ウ．評価尺度
エ．4M	オ．手続き	カ．経営管理
キ．方策	ク．重点課題	ケ．管理項目

【解答欄】

(1)	(2)	(3)	(4)

問題2

重要度 C

　日常管理では管理の対象として管理項目が設定される。管理項目に関する次の分類に該当するものを，選択肢欄より選んでその記号を解答欄に記入せよ。ただし，各選択肢を複数回用いることはない。

① 管理間隔による分類　　　　　　　　　　　　　　(5)

② 管理時点による分類　　　　　　　　　　　　　　(6)

③ 管理目的による分類　　　　　　　　　　　　　　(7)

④ 管理対象による分類　　　　　　　　　　　　　　(8)

⑤ 管理可能性による分類　　　　　　　　　　　　　(9)

【選択肢】

　ア．改善のための管理項目　　　イ．年次管理項目
　ウ．原因系の管理項目　　　　　エ．品質関連管理項目
　オ．コントロール可能な管理項目

【解答欄】

(5)	(6)	(7)	(8)	(9)

問題3

方針管理に関する次の文章において，(10)〜(14)のそれぞれに対して適切なものを選択肢欄から選んでその記号を解答欄に記入せよ。ただし，各選択肢を複数回用いることはない。

方針管理とは ⑽ を導入している企業においては欠くことのできない ⑾ システムの一つであり，定義として「組織体において， ⑿ を達成するための手段として策定された中長期 ⒀ ，あるいは，年度経営方針を ⒁ に達成するためのすべての活動」とされている。

【選択肢】

ア．経営理念	イ．経営管理	ウ．経営目的
エ．経営手段	オ．PDCA	カ．経営計画
キ．TQM	ク．体系的	ケ．客観的

【解答欄】

⑽	⑾	⑿	⒀	⒁

さぁー
よく考えてみよう

実戦問題 解答と解説

問題1

解答

(1)	(2)	(3)	(4)
ク	ウ	ケ	キ

解説

それぞれの ☐ に正解となる用語を入れて，あらためて文章を掲載しますと，次のようになります。

> 目標とは，方針あるいは重点課題の達成のために目指すべき到達点のことをいい，目標の達成を管理するために評価尺度として選んだ項目を管理項目という。目標を達成するために選ばれる手段を方策といい，組織として重点的に取り組んで達成すべき事項を重点課題と呼んでいる。

なお，エ. の4Mは，原材料 Material，機械・設備 Machine，作業者 Man，加工方法 Method のことで，管理の着眼点としてよく用いられるものです。（第2章の1 p 64を参照下さい。）

問題2

解答

(5)	(6)	(7)	(8)	(9)
イ	ウ	ア	エ	オ

解説

分類の区分としては若干難しい問題ですが，①の管理間隔による分類は時間間隔という意味で，イ. の年次管理項目が該当します。②の管理時点による分類は，原因や結果などの因果関係という立場（時点）による分類と考えられます。

　また，③の管理目的による分類は，改善や維持などの目的を考慮した分類で，④の管理対象による分類は，品質や原価などという管理対象を意識したものとなっています。⑤の管理可能性による分類は管理の可能か不可能かという見方での分類となります。

問題3

解答

⑽	⑾	⑿	⒀	⒁
キ	イ	ウ	カ	ク

解説

　それぞれの □ に正解となる用語を入れて，あらためて文章を掲載しますと，次のようになります。文章の意味をよく汲みとっておいて下さい。

> 　方針管理とは TQM を導入している企業においては欠くことのできない経営管理システムの一つであり，定義として「組織体において，経営目的を達成するための手段として策定された中長期経営計画，あるいは，年度経営方針を体系的に達成するためのすべての活動」とされている。

我が社では
社長方針説明会が
毎年行われていますよ

4 標 準 化

学習ポイント

・標準と規格
・標準化とは何か？
・標準化の各階層

●・・● 試験によく出る重要事項 ●・・●

1 標準と規格

　何かの行動をする際いろいろな方法があって，一概には一つに確定していない場合に，それぞれがてんでばらばらなやり方をしては収拾がつかなくなります。

　用紙のサイズも，一定の基準を作り，そのちょうど半分，更にその半分というようなサイズを標準としておけば，大きなものから小さなものまで一連の標準となる規格が作られます。メーカーが違っても使いやすいものとなります。

　標準とは，関連する人の間で利益や利便が公正に得られるように取り決められたものとされます。

　また，**規格**とは，一定の状況において最適な秩序を保つことを目的として，規則，指針または特性を共通にするために定めるものであって，合意によって確立され公認の機関によって承認されたものとされています。

　標準や規格の対象は，品物（製品）に関することから組織に関するものまで広く捉えられています。例えば，ISO 9001などは，組織に関する品質管理レベルの規格と言えます。

　標準値とは，標準に記載されている規定された数値をいい，規格の場合には**規格値**といいます。標準値は，一般に**基準値**（もとになる値）と**許容値**（あるいは**許容限界値**，許される限界の値）からなっています。

2 標準化

　標準化とは，「標準を設定し，これを活用する組織的行為」と定義されてい

ます。

　標準化されているものも，世の中には非常に多く，用紙のサイズなどの例を見るまでもなく，工業的製品の多くが標準化されています。昨今のようなグローバル化の時代には特に必要になっていると言えるでしょう。

　標準や規格を作成して使用していく活動を**標準化活動**と呼んでいます。規格には，世界的レベルから企業内レベルまで多くの階層があります。表1−3を参照下さい。国をまたがる場合には，二国間の相互承認協定（MRA, Mutual Recognition Agreement あるいは Mutual Recognition Arrangement）や多国間の国際相互承認協定（MLA, Multilateral recognition Agreement あるいは Multilateral recognition Arrangement）という協定によって相互承認をする仕組みとなっています。

表1−3　各階層の標準化規格

規格	規格の内容（例）
国際規格（世界規格）	ISO 規格，IEC 規格注）
国際地域間規格	複数の国家間における規格等（EU の EN 注）など）
国家規格	JIS（日本産業規格），JAS（日本農林規格），BS（英国の規格），ANSI（米国の規格），DIN（ドイツの規格），GB（中国の規格）等
業界規格（団体規格）	各種の業界規格，団体規格等
企業規格	個別の社内基準（企業規格，社内規格）等

注）IEC：国際電気標準会議（International Electrotechnical Commission）の略で，電気分野の国際規格を策定する組織です。電気分野以外は ISO が担当します。
　　また，EN とは欧州統一規格のことです。

標準化の目的としては次のようなものが挙げられます。

① **目的適合性**：特定の条件の下で，複数の製品や方法またはサービスが所定の目的を果たすこと

② **両立性（共存性）**：特定の条件の下で，複数の製品や方法またはサービスが相互に不当な影響を及ぼすことなく，それぞれの要求事項を満たしながら，ともに使用可能であること

③ **互換性（または，インターフェースの確保）**：製品や方法またはサービスが同一の要求事項を満たしながら，別のものに置き換えたり接続したりして使用可能であること

④ **多様性の調整（多様性の制御）**：多くの必要性を満たすように，製品や方法またはサービスの形式やサイズを最適な数に選択できること

⑤ **安全性**：容認できない危険性のリスクが少ないこと

⑥ **環境保護**：製品や方法またはサービスそれ自体，および，その運用において生じる容認できない被害から環境を守ること

⑦ **製品保護**：使用中，輸送中，保管上，あるいは，気候に関する好ましくない条件などから製品を守ること

⑧ **貿易障害の除去**：国家間の異なる規格によって貿易障害が起こることを防ぐこと

3　産業標準化

　産業分野における標準化のことを**産業標準化**と呼んでいます。日本では産業標準化法に基づいて JIS（日本産業規格，Japanese Industrial Standards）が定められています。

　JIS には大きく次表のような 3 分類があります。

表 1 - 4　JIS の分類

分類	内　　容
基本規格	用語，記号，単位，標準数など適用範囲が広い分野にわたる規格，または特定の分野についての全般的な事柄に関する規格
方法規格	試験方法，分析方法，生産方法，使用方法などの規格で，所定の目的を確実に果たすために，方法が満たされなければならない要求事項に関する規格
製品規格	鉱工業製品が特定の条件のもとで所定の目的を確実に果たすために，満たされなければならない要求事項（要求事項の一部だけである場合を含む）に関する規格

　また，JIS マーク表示制度という制度があり，一定水準の品質や性能を有す

る鉱工業品を安定して製造することが可能な技術的能力を持つ工場に対して JIS マークの表示を認定しています。JIS マークには図 1 - 6 に示しますような種類があります。

(a)　鉱工業品　　　　　　(b)　加工技術　　　　　　(c)　特定側面

図 1 - 6　JIS マーク

JISマークにも
微妙な違いのあるマークが
あるのですね

　さらに，すべての鉱工業品に係る試験方法に関して，その試験を行う機関が適切な試験結果を提供する能力があるかどうかを第三者が認定する制度があり，**試験所認定（登録）制度**と呼ばれています。これは試験に対する国際的な要求事項である ISO/IEC 17025（JIS Q 17025）の適合性について，その管理体制，要員，試験施設，あるいは試験機器などが適切であるかどうかを審査して，認定された場合に通知がなされるものです。

4 社内標準化

社内標準（社内規格）とは，個々の企業内で企業の運営やその成果物に関して定めた標準とされています。社内標準を作っていくことが**社内標準化**です。

社内標準化の目的および効果としては，次のようなものが挙げられます。

① 固有技術を企業として蓄積し技術力を向上させること

② 部品や製品の互換性やシステムの整合性の向上によるコスト低減

③ 社内への企業方針ならびに計画の周知

④ 取扱説明書やカタログなどによる顧客への的確な情報伝達

⑤ 業務のルール化や統一化による能率向上，ならびに，部門間の連携強化

⑥ ばらつき管理による品質安定化

⑦ 設備保全や災害予防体制の確立による労働災害の未然防止や作業者の安全管理向上

⑧ 製品規格などによる安全性や信頼性ある製品の消費者への提供と社会利益への貢献

我が社も いよいよ
社内標準化を導入
しますぞ

確認問題

知識・実力の確認をしましょう。○か×か考えてみて下さい。

( ) 問1：規格という概念は，基本的に物品にのみ当てはまるものである。

( ) 問2：IEC とは電気分野における国際規格であり，ISO は電気分野以外の分野における規格となっている。

( ) 問3：JIS は日本産業規格の略号であり，JAS は日本農業規格のそれである。

( ) 問4：次のマークは鉱工業品に関する JIS マークである。

( ) 問5：試験所認定制度は，試験に対する国際的な要求事項である ISO/IEC 17025 に基づいている。

●●● 正解と解説 ●●●

正解	問1：×	問2：○	問3：×	問4：×	問5：○

問1 解説 （×）

規格という概念は，歴史的には物品のみが対象であった時代もありますが，現今では物品にのみ当てはまるものではなく，組織のような形のないものについても適用される概念になっています。

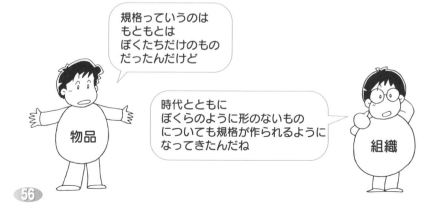

問2 解説 （○）

　記述の通りです。「電気分野とそれ以外」という区分になっていることに留意しましょう。

問3 解説 （×）

　JIS は日本産業規格の略号であることは正しいのですが，JAS は日本農業規格ではなくて，日本農林規格が正しいのです。少し細かいことまで聞いている問題になりますが，JAS は JIS に次いで有名なものでもあり，食品等に関係のある重要なものでもありますので，名前くらいは頭に入れておきましょう。

問4 解説 （×）

　問題に示されたマークは鉱工業品のものではなくて，加工技術に関する JIS マークです。鉱工業品の JIS マークは次のものとなっています。微妙な違いですが，外側の円があるかないかを確認下さい。

問5 解説 （○）

　記述の通りです。ISO/IEC 17025は，試験機関が適切な結果を提供する能力があるかどうかをチェックするための規格であって，近年広く採用されるようになっています。

問題 1

標準化に関する次の文章において，正しいものには〇を，正しくないものには×を解答欄に記入せよ。

① 標準（規格）には，世界規格（国際規格）を最上位として，次いで国際地域間規格，国家規格，団体規格，社内規格などがある。 (1)

② 国際貿易の障壁を取り払う目的で，電気分野では ISO，その他分野では IEC などで国際的な標準化が進められている。 (2)

③ EU の EN は国際規格に分類される。 (3)

④ 業界規格などで行われる標準もあり，これを団体標準化と呼んでいる。 (4)

【解答欄】

(1)	(2)	(3)	(4)

問題2

　規格にはいくつもの階層があるが，次の表に示された具体的な規格はそれぞれどのような階層に属するか，適切なものを選択肢欄から選んでその記号を解答欄に記入せよ。ただし，各選択肢を複数回用いることはない。

具体規格	規格の階層
ISO（国際標準化機構），IEC（国際電気標準会議）	(5)
JEM（日本電機工業会規格）	(6)
JIS（日本産業規格），BS（英国規格），ANSI（米国規格）	(7)
各企業における標準	(8)
EN（欧州標準化委員会規格）	(9)

【選択肢】

　ア．国際規格　　　イ．国際地域間規格　　　ウ．家庭規格

　エ．団体規格　　　オ．社内規格　　　　　　カ．国家規格

【解答欄】

(5)	(6)	(7)	(8)	(9)

問題3

　標準化に関する次の文章において，(10)～(15)のそれぞれに対して適切なものを選択肢欄から選んでその記号を解答欄に記入せよ。ただし，各選択肢を複数回用いることはない。

　標準化とは，効果的で効率的な ⑽ を目的として，共通に，かつ，繰り返して使用するために ⑾ を定めて活用する活動とされる。標準化の目的は， ⑿ の行き過ぎを防ぎ， ⒀ できるところは ⒀ して統一化を図ることで，品質の確保，相互理解や ⒁ の促進，互換性の確保， ⒂ の向上などを達成することにある。

【選択肢】

　ア．活動　　　イ．取り決め　　　ウ．組織運営

　エ．階層化　　オ．複雑化　　　　カ．設備劣化

　キ．単純化　　ク．契約　　　　　ケ．コミュニケーション

　コ．生産性　　サ．一貫性

【解答欄】

⑽	⑾	⑿	⒀	⒁	⒂

さて
どうだったかなぁ

実戦問題 解答と解説

問題1

解答

(1)	(2)	(3)	(4)
○	×	×	○

解説

② 国際的な標準化を国際標準化と言いますが，電気分野で IEC，その他分野では ISO などで国際標準化が進められています。

③ EN とは欧州規格ですので，国家を超えるという意味では国際的ではありますが，欧州という地域に限定されていますので，世界規格(国際規格)ではなくて，世界の中のある地域のものとして，国際地域間規格に分類されます。

④ 業界（団体）の規格を作ることが，団体標準化です。

問題2

解答

(5)	(6)	(7)	(8)	(9)
ア	エ	カ	オ	イ

解説

(6)の団体規格は，業界規格と言われることもあります。

問題3

解答

⑽	⑾	⑿	⒀	⒁	⒂
ウ	イ	オ	キ	ケ	コ

解説

　それぞれの□□□□に適切な用語を入れて，あらためて文章を掲載しますと，次のようになります。標準化の意味と意義について，再確認をお願いします。

> 　標準化とは，効果的で効率的な組織運営を目的として，共通に，かつ，繰り返して使用するために取り決めを定めて活用する活動とされる。標準化の目的は，複雑化の行き過ぎを防ぎ，単純化できるところは単純化して統一化を図ることで，品質の確保，相互理解やコミュニケーションの促進，互換性の確保，生産性の向上などを達成することにある。

第2章

品質管理の手法

品質管理には
どういう武器が
あるのだろう？

データの採り方

学習ポイント

・データの種類について
・母集団と標本
・基本的統計量と誤差

●●● 試験によく出る重要事項 ●●●

1 データ

　品質管理は事実に基づいて行われますが，客観的な事実を示すものとしてデータが重要です。データとは，解析の対象となるものを観察や測定した結果として記録される情報のことです。同一のものを測定しても，そのデータは必ずしも常に同一になるとは限らないこともあり，それは**ばらつき**と呼ばれますが，データを適切に処理することによって，そのばらつきの程度や対象となるものの真の姿を把握することもできます。

　データを採るべき対象（管理の着眼点）として，あるいは，検討の着眼点として，一般に **4 M**（原材料 Material，機械・設備 Machine，作業者 Man，加工方法 Method）や，**QCDS**（第 1 章の 2，p 26）などが検討されます。4 M に計測・測定 Measurement を加えて **5 M** とすることや，さらに環境 Environment を加えて **5 M＋E** などとする場合もあります。

　さらに，P（生産性，Productivity），M を「人」（man）に限定して，**QCDSPME**

ぼくらも検討してね

P
生産性

M
作業者

E
環境

また，データには次のような種類があります。

a）数値データ

　数量（数字）で表わされたデータです。これには**計量値**（重さ，長さ，面積，濃度などのように，測定して得られる連続量のデータ）と**計数値**（人の数，個数など，整数値をもとにするデータ）とがあります。

b）言語データ

　数値になっていないデータのことです。例示しますと，「しなやかさ」，「安定性」などという品質特性が挙げられます。

c）分類データ

　対象となる集団を分類した場合において，分類の各クラスに名前の付されるデータです。各クラスに順序のある場合を**順序分類データ**，順序がない場合を**純分類データ**と呼ぶことがあります。

d）順位データ

　測定した結果について，対象集団の中で第一位から順に相対的な順序を付ける場合のデータです。

e）官能評価データ

　肌ざわりや味などのように，直接には数値にしにくいもので，人間の五感に基づいて評価されるデータのことです。

2　母集団と標本

　データの対象となる集団の全体を**母集団**といいますが，対象集団の全体をデータにすることは一般には困難ですので，通常はその一部を測定することで全体を推定することになります。

　「測定する一部」を**標本（サンプル，あるいは試料）**といいます。サンプルを採取することを**サンプリング**といっています。

　母集団のうち，特定の条件のものだけを集めたものを**ロット**といいます。ロットは一般に有限個の対象ですので，**有限母集団**と呼ぶこともあります。これに対して，数の特定のできない全体の集団を**無限母集団**ともいいます。ロットは通常，同一工程の同一条件で得られた製品などに対して使われる用語です。

　母集団とサンプルの関係は図2－1のようになっています。ここにはp38で説明しましたPDCAサイクルの要素が含まれています。

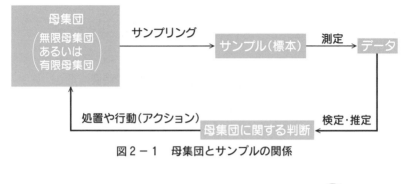

図2-1　母集団とサンプルの関係

ははぁ，ここにも
P-D-C-Aの精神が
活かされているんだね

③ データ採取において注意すべき事項

事実を正しく把握して管理に反映させるために次のような点に注意します。
① データをとる目的を明確にしておきます。
② データの対象とする母集団を明確にします。
③ データの履歴を明らかにします。具体的には，5W1H（いつ，誰が，どこで，どのようにして，何のために，なぜ得られたデータなのか）です。
④ できるだけランダムにとられたサンプルを測定します。ランダムとは無作為に（特定の条件に影響されないように，各サンプル対象にとって公平に）ということです。
⑤ 影響要因と結果とが互いに対応するようにデータをとります。

④ データの誤差

母集団の情報とデータの情報とのずれを**誤差**といいますが，誤差は測定値から真の値を引いたものです。すなわち，

誤差＝測定値－真の値

　誤差の要因はサンプリングの際の誤差（**サンプリング誤差**）と測定の際の誤差（**測定誤差**）とに分類されます。これらは，次のような関係になります。

$$\boxed{測定値＝真の値＋サンプリング誤差＋測定誤差}$$

　また誤差には，**かたより（かたより誤差）**と**ばらつき（ばらつき誤差）**とがあります。

a) かたより：真の値からのずれ（測定値の平均から真の値を引いた値）

　　　　　　　データの全体が下駄をはいたように（あるいは，下駄を脱いだように）ずれている誤差

b) ばらつき：測定値の大きさがそろっていないこと（不ぞろいの程度）

　　　　　　　（全体がずれているようなことではなく，）個々のデータがばらばらであるような誤差

統計学では
「かたより」と「ばらつき」
の二つが
とっても大事なんだそうですね

そうなんです
その二つが大事なんです

　誤差と似たような用語で，次のようなものがあります。若干意味が違いますので注意を。ここで，**母平均**とは母集団（対象とする集合の全部）の平均を意味します。ただし，母平均は無限母集団では一般に求められませんし，有限母集団であっても対象の数が，極めて多い場合には計算が困難ですね。しかし，推定することはできます。また，試料平均とは，文字通り試料（サンプル）の平均のことです。

$$\boxed{残差＝測定値－試料平均}$$

$$\boxed{偏差＝測定値－母平均}$$

　これらを図に示しますと次のようになります。

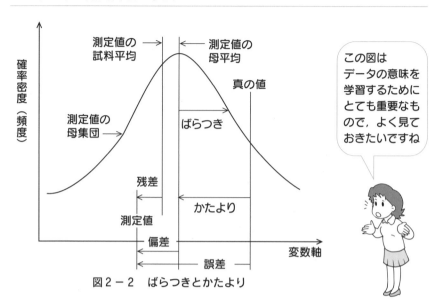

図2－2　ばらつきとかたより

　また，次の概念も紛らわしいのですが，違いを確認しておいて下さい。

正確さ：かたよりの小さい程度

精密さ（精密度）：ばらつきの小さい程度

精度（精確さ，総合精度）：正確さ＋精密さ

5　データを表わす統計量

　母集団の平均を母平均と呼び，ギリシャ文字によって通常μ（ミュー）で表わします。また母集団のばらつき具合である分散（**母分散**，p 71に分散の計算式を示します）をσ^2，その平方根である標準偏差（**母標準偏差**，これも p 72に標準偏差の計算式を示します）をσと書きます。これらはサンプリングや測定方法によらない値のはずですので，**母数**といいます。これに対して，母数を推定するために計算する量を**統計量**と呼んでいます。母平均μや母標準偏差σは実際には正確にわかることはないのですが，その推定値として表現する場合にそれぞれ$\hat{\mu}$や$\hat{\sigma}$と書くことがあります。

> このあたりは
> とても重要なところなので
> よく学習しておいてください

a）母平均を推測するための統計量（かたよりを推測するための統計量）

（1）　相加平均値（単純平均値，代数平均値，算術平均値）$\overline{x}$ または $E(x)$

　n個のデータ（測定値）$x_1, x_2, \cdots, x_n$から次の式で求めたものをいいます。$\overline{x}$はエックスバーなどと読みます。

$$\overline{x} = \frac{x_1 + x_2 + \cdots + x_n}{n} = \frac{\sum\limits_{i=1}^{n} x_i}{n} = \frac{\sum x_i}{n}$$

　ここで，$\sum$（シグマ）はギリシャ文字σ（シグマ）（小文字）の大文字です。その下の$i = 1$と上のnが示す意味は，iを1ずつ増やしながら1からnまで足しなさい，ということです。明らかにわかる場合には，「$i = 1$」や「n」を書くことを省略します。$\sum$の計算は見慣れないとなかなかややこしいと思われがちですが，少しずつでも練習しておきましょう。

　平均値は，データ数nが20個くらいまでの場合には，測定値の1桁下の桁まで求め，それ以上の場合には2桁下の位まで求めることが普通です。

(2)　メディアン（またはメジアン，中央値）$\tilde{x}$ または $Me(x)$

　得られたデータを大きさの順に並べた場合の中央に位置するデータをいいます。$\tilde{x}$ はエックスウェーブと読みます。データの数が偶数の場合には，中央の二つのデータの平均値を採用します。メディアンは，平均値に比べて母平均の推定精度は劣りますが，迅速に求められる点が優れています。また，データの中に特別に外れた値があってもその影響を受けにくいことも利点です。

(3)　モード（最頻値，最多値）

　データの中で最も多く表れている値をいいます。「最頻値」がそれをよく表していると言えるでしょう。度数分布図（後述のヒストグラム，p 100）において，最も高い階級の値になります。

　分布の形が違ってくると，平均値とモード，メディアンの相対関係が変化します。図2-3でご覧下さい。左右対称に近いほど，これらが一致します。

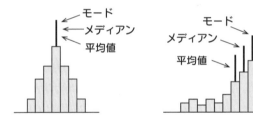

非対称でかたよりがあると平均値やモードなどが一致しなくなるのですね

a）ほぼ左右対称な分布の場合　　b）非対称で右にかたよった分布の場合

図2-3　分布の違いによる平均値とモード，メディアンの関係

---

b）ばらつきを推測するための統計量

(1)　範囲 R または $R(x)$

　データの中の最大値 $x_{\max}$ と最小値 $x_{\min}$ の差をいいます。最も簡便に求められますが，外れデータに引きずられて推定精度が落ちるという欠点があります。

$$R = x_{\max} - x_{\min}$$

アールはそんなにもアールんですか？

(2)　偏差平方和（平方和）S または $S(x)$，S_{xx}

偏差とは各データ x_i から平均値 $\overline{x}$（正確には母平均ですが，一般に試料平均で代用します）を引いたもの $(x_i - \overline{x})$ ですので，この2乗和のことを偏差平方和といいます。

$$S = \sum_{i=1}^{n}(x_i - \overline{x})^2 = \sum_{i=1}^{n} x_i{}^2 - \frac{\left(\sum_{i=1}^{n} x_i\right)^2}{n} = \sum_{i=1}^{n} x_i{}^2 - n\overline{x}^2$$

S の右に三つの式があるのは，$(x_i - \overline{x})^2$ を展開して計算すると，右側の二つの式いずれにも等しくなるからです。一番右側の式が最も多く用いられます。比較的よく出てくる計算ですので，計算練習を兼ねて一度計算してみられることをお勧めします。式の誘導は実戦問題1の解説（p 92）をご覧下さい。

このあたりの式の変形をむつかしいと思われる方はパスして結果だけを見て下さいね

(3)　分散（不偏分散，平均平方）V（データの分散ですので，母分散の σ^2 と区別して V と表記する形です。母分散も計算方法は同様です）または $V(x)$

平方和 S を**自由度**（データ数が変化しうる度合い）で割ったものを分散といいます。通常は，自由度は $n-1$ となります。n で割っていないことに留意下さい。

$$V = \frac{S}{n-1}$$

ばらつきという量は，データの中での相対的なものですので，中央値や平均値など何か一つ与えても（あるいは全体をスライドしても）相対関係は不偏である（偏らない）という性質から自由度は $n-1$ とするのが普通です。（一つを固定して，それと他の $n-1$ 個との相対関係で見ています。データの数は n 個ですが，データの相対関係の自由度が $n-1$ 個となると見て下さい。なお，n で割って求める立場もあり，その場合は**標本分散**といいます。）

第2章

なお，自由度 n が 50〜100 を超えるレベルでは，誤差が小さくなりますので，$n-1$ の代わりに n を用いても，その誤差はかなり小さくなります。

(4) 標準偏差 s（データの標準偏差ですので，母標準偏差の σ と区別して s と表記しています。母標準偏差も計算方法は同様です）または $s(x)$

分散の平方根です。これによって，データと同じ単位（次元）となります。

$$s = \sqrt{V} = \sqrt{\frac{S}{n-1}}$$

標準偏差の数値として，通常は有効数字を最大 3 桁に取ります。

標準偏差とは
おおよその話だけど
平均値からのばらつき度合いの
平均だと思えばいいんだね

なので，平均との差の 2 乗を合計して
（平均して）ルートをしているんだね

(5) 変動係数 CV または $CV(x)$

標準偏差を平均値で割ったものです。通常はパーセント（%）表示をすることが多いです。変動係数は平均値に対するばらつきの相対的な大きさです。

$$CV = \frac{s}{\bar{x}} \times 100 = \frac{\sqrt{V}}{\bar{x}} \times 100 \quad （\%）$$

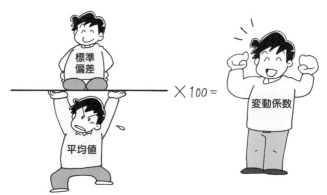

代表値やばらつきを
示すにも
いろんな方法が
あるんだなぁ

BREAK お茶にしますか？

標準偏差とは？

　標準偏差は，英語で standard deviation といいます。この言葉は初めての方にはその意味がピンと来ないかもしれませんね。

　簡単に言うと「平均からのブレの程度」，あるいは「平均からの差の程度」ということで，命名者はピアソンという有名な統計学者です。

　単純に言って偏差 $x_i - \overline{x}$ を平均したものですが，偏差をそのまま足し算しますとプラスマイナスが相殺されて意味をなさなくなりますので，偏差を2乗して平均して平方根を取っています。相殺しないようにするには，絶対値 $|x_i - \overline{x}|$ を平均したらよいのではないかという意見も出そうですが，それでは計算がかなりややこしくなりますし，実はもっとむつかしい理屈もあって，次の式のように2乗して平均をとる2乗平均という方法を採っています。n で割らずに $n-1$ で割っている理由は本文中で説明した通りです。

$$\sqrt{\dfrac{\displaystyle\sum_{i=1}^{n}(x_i - \overline{x})^2}{n-1}}$$

標準偏差にはそういう意味が
あったのか

c）データの標準化

　n 個の計量値がある時，それぞれから平均値を引き，標準偏差で割ることを「データを標準化（規準化，あるいは，正規化）する」といいます。第1章の4（p 51）に出てきた「作業等の標準化」とは意味が異なりますので，混同しないようにして下さい。標準化されたデータは，平均が0，分散が $1^2 = 1$ となって，単位を持たない量となります。

d）平均値の種類

　先に出てきた平均値（単純平均）は，最もよく用いられるもので，相加平均などと呼ばれますが，その他にもいくつかの平均値があります。二つの数 a と b の何らかの平均値を $m(a, b)$ としますと，平均値には次のような性質があります。

　①　$a = b$ の時，$m(a, b) = a$，つまり　$m(a, a) = a$

　②　a と b を入れ替えても同じ，つまり　$m(a, b) = m(b, a)$

　③　$m(a, b)$ の次元（単位）は，a と b に同じ。

　④　$a > b$ ならば，$a > m(a, b) > b$

以下，いくつかの平均値を紹介します。

（1）　相乗平均（幾何平均）

　　二つの正数 a と b の相乗平均は，掛け算して平方根をとったものですので，次のように書かれます。

　　$\sqrt{ab}$

　相乗平均の例を考えてみますと，たとえば，大きさが10,000（つまり，1万）と1の平均の場合（大きさが大幅に違っている数字の場合），普通に単純平均をとることも，もちろんありえます。その場合，$(10,000 + 1) \div 2 = 5000.5$ となりますね。

　そういう場合もありますが，桁数として（桁数的に）平均を取りたい場合もあります。そういう時は $\sqrt{10,000 \times 1} = 100$ となります。

　現実の例として，裁判の事例などで多いのですが，要求する側が10,000円，支払い側が1円を主張する時，5000.5円が妥当か，100円が妥当か，どちらが落としどころとしてよろしいと思われますか？もちろん，これはどちらが正解ということではありませんが，裁判官の判断として，相乗平均の場合が多いようです。要求する側が数字を吊り上げれば上げるほど単純平均の数字は要求側に近づきますね。それを少しでも緩和しようとして相乗平均が

使われることが多いようです。もちろん，裁判でいつもそういう判断がなされるとは限らないことをお断りしておきます。

(2)　調和平均

二つの数 a と b の調和平均とは，それぞれの逆数の相加平均の逆数です。

$$\frac{1}{\frac{1}{a}+\frac{1}{b}}{2} = \frac{2ab}{a+b}$$

例として，山に登って降りる場合を考えてみましょう。登りは時速 $3\,\mathrm{km}$ で登り，下りは時速 $6\,\mathrm{km}$ で降りたとして，その平均をとりたいという問題があったとします。登る距離と降りる距離は（勾配の違いはあっても）同じですね。その距離を $A\,[\mathrm{km}]$ としておきましょう。

単純平均では，$(3+6)\div2=4.5\,\mathrm{km}$／時となります。しかし，より正確には，往復の距離を往復した時間で割るべきですね。その場合，往復の距離は $2A\,[\mathrm{km}]$ になります。かかった時間は，上りで

$A\,[\mathrm{km}]\div3\,[\mathrm{km/時}]=A\diagup3\,[時]$

一方，下りでは，

$A\,[\mathrm{km}]\div6\,[\mathrm{km/時}]=A\diagup6\,[時]$

となりますから，往復の時間は $A\diagup3\,[時]+A\diagup6\,[時]=A\diagup2\,[時]$ です。

よって，往復の距離を時間で割って，$2A\,[\mathrm{km}]\div A\diagup2\,[時]=4\,[\mathrm{km/時}]$ となります。さきほどの $4.5\,[\mathrm{km/時}]$ よりもこのほうが正確ですね。これが調和平均になっています。

$$\frac{2\times3\times6}{3+6}=4\,[\mathrm{km/時}]$$

(3)　対数平均

二つの正数 a と b の対数平均は次のように書かれます。

$$\frac{a-b}{\ln(a)-\ln(b)}$$

ここで，$\ln$ は自然対数（底が $e=2.718\cdots$）を表わしています。

対数平均の例を挙げたいところですが，これはやや専門的なものが多いので割愛します。$\ln$ は次のような関数なのですが，おなじみでない方はこの部分をスルーしていただいても結構です。

$$\ln(x) = \log_e(x)$$

(4)　重み付け平均（重み付き平均）

　　重要度（頻度など）をかけて平均することを重み付け平均といいます。二つの数 a と b の重みをそれぞれ，W_a，W_b としますと，重み付け平均は，次のようになります。

$$\frac{aW_a + bW_b}{W_a + W_b}$$

　　一例として，ある学年に生徒の数が30人と20人の二つのクラスがあって，テストの平均点がそれぞれ80点と70点であったとします。

　　学年の平均点を出したい場合，単純平均では，$(80+70) \div 2 = 75$ 点となります。

　　しかし，クラスの生徒の数に違いがありますので，多少の正確さを欠くことになります。より正確には，クラスの全点数をもとに平均を出すべきですね。

　　つまり，80 点 $\times 30 + 70$ 点 $\times 20 = 2,400 + 1,400 = 3,800$ 点

　　これを学年全体の生徒数で割りますと，$3,800$ 点 $\div (30 + 20) = 76$ 点

　　これらを比較すると，75点も概算としては構わないのですが，76点のほうがより正確ですね。これが重み付け平均です。生徒数の重みを加味して計算しているということです。

平均にも
いろいろあるんだなぁ

どれを使えばいいのか
考えなくちゃ
いけないなぁ

6 製品検査で用いられる用語

　検査は，その結果によって合否判定をする目的があり，これに対して，計測とは，単に測定することであって，合否判定の目的は別になります。

・**全数検査**：文字通り漏れなく対象物を検査することです。

・**抜取検査（サンプリング検査）**：全対象物のうち，何らかの規則で一部の対象を選んで検査する方法です。

・**検査ロット（ロット）**：等しい条件下で生産され，あるいは，生産されたと見られる品の集合

・**ロットの大きさ**：ロットに含まれる検査対象の総数（ここでは N で表わします）

・**サンプル（試料あるいは標本）**：ロットから抜き取られたロットの情報を得るための試料

・**サンプルの大きさ**：サンプルに含まれる試料の数（ここでは n で表わします）

・**抜取り比**：サンプルの大きさとロットの大きさとの比（$n : N$）

・**ロットの不適合品率（不良率）**：ロットの大きさに対する，ロット内の不良品個数の割合

・**合格判定個数**：抜取検査でロットを合格にするか否かの判定基準個数（記号 c などで表わします）不良品個数がこの数字以下の時，ロットが合格となります。

・**計数抜取検査**：ロットの合否判定基準が，サンプルの中の不適合品の数などの計数値に基づく検査のことです。取扱いが単純であるという利点があります。

・**計量抜取検査**：ロットの合否判定基準が，サンプルから得られた平均値や標準偏差などの計量値に基づく検査のことです。計数抜取検査よりも，経時変化などのデータからより緻密な情報も得られ，またサンプルが少なくて済む傾向にあります。

検査はきちんと
やらなくては
なりません

7 抜取検査の分類

a）ランダム・サンプリング（単純サンプリング）

対象ロットのどの部分も（公平に）同じ確率で採取します。

b）系統サンプリング

時間や場所などサンプルの特性に関する一定の規則で採取する方式です。

｜○●○○○○｜○●○○○○｜○●○○○○｜○●○…

（●がサンプル）

図2－4　系統サンプリングの例

c）ジグザグ・サンプリング

系統サンプリングに，よりランダム性を持たせるように，例えば次の図のような規則によって採取します。

｜○●○○○○｜○○○●○｜○●○○○○｜○○○●○｜○●○…

（●がサンプル）

図2－5　ジグザグ・サンプリングの例

ははあ，なるほどこの場合は正反対のかたよりを繰返すのか

d）二段サンプリング

サンプリング対象が2段階に分かれている場合に，最初の一次段階でランダムにサンプリングした後で，選ばれたサンプルの中から二次段階としてランダムにサンプリングします。

たとえば，1箱100個詰めの製品があって毎日300箱を製造しているような場合，1日に作られた300箱から第一段階として30箱を選び，その30箱の各々からそれぞれ10個ずつの製品を選ぶようなやり方です。

e）集落サンプリング

ロットをいくつかの群に分け，その群の中からいくつかの群を選び，選んだ群の中の全数をサンプルとする方式です。

母集団の中に立場の対等な複数の群（集落といいます）に分類して，その中からランダムに選んだ群の全数をサンプリングします。

たとえば，多くの大学があって，その中からいくつかの大学を選び，その中の大学生全員を調べることなどです。

第2章

f) 層別サンプリング

（工夫によって）ロットをいくつかの階層に分け（例えば，上層，中層，下層など），その各層からランダムにサンプルを採取します。

たとえば，先の大学の例でいうと，多くの大学において，大学生を1年生から4年生までの4つの層に分け，それぞれから一定数を採ることがこれに当たります。

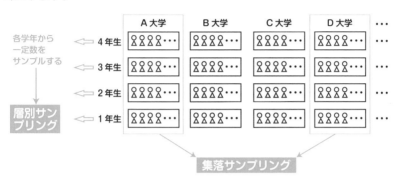

図2−6　集落サンプリングと層別サンプリング

g) バルクサンプリング

液体や粉塊など，個数として扱えない場合が対象です。化学工場などではよくあるものです。

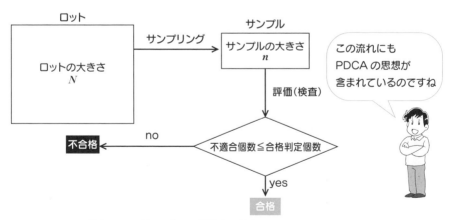

図2−7　サンプリング検査の流れ

8 データのための計測管理

データを採るために正確な計測が必要なことは当然ですね。そのために計測体制の整備，計測器の管理（精度管理，計器の保全，その他）などが必要なことも，言うまでもありません。

当然のことながら，計測管理は日常管理の中の重要な業務として位置づけられることがなければなりません。

9 確率分布

確率的に値が定まる変数を**確率変数**といいます。確率変数の分布（**確率分布**）とは，変数の値が一定の傾向で多く集まっている所や少ない所などに分かれる性質をいいます。中央に多く周辺に少なく集まる分布は**山形分布**，あるいは，**凸形分布**などといいます。横軸に変数の値を，縦軸に度数（変数の同じ値がどのくらい表れるかという頻度）を取ってグラフにしますと，山形分布は，例えば図のようになります。

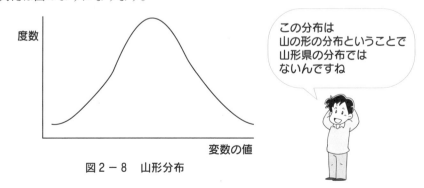

図2-8　山形分布

　一般に，現実の分布の形は山形をすることが多いですが，同じ山形でも細く（鋭く）とんがっていたり，左右に対称であったり，非対称であったりします。

10　統計で用いられる分布の例

a）正規分布（ガウス分布，誤差分布，Normal Distribution）

　正規分布は統計において最も重要な分布で，ド・モアブル，ラプラスなどにより整備・確立され，有名な数学者のガウスが誤差論として詳細に論じたものですが，データの多いものの分布などが一般にこの形（ベル曲線）になります。データの数が少ないうちは，山の形をしつつも形は必ずしも一定しませんが，データの数が多くなるにつれて，この分布に近づきます。

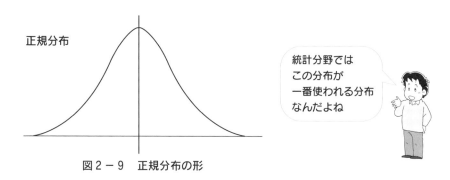

正規分布

統計分野では
この分布が
一番使われる分布
なんだよね

図2−9　正規分布の形

　このグラフを表す式の形は次のようなものになって，少し難しいですが，試験ではこの式を用いて計算することまでは通常要求されません。しかし，おなじみでない方もおられると思いますが，式の形とグラフの形はよく見ておいて下さい。次式は正規分布の確率密度関数で，exp は $\exp(x) = e^x$ という関数です。e は 2.71828… という一つの数字ですが，数学ではよく出てくる数字です。e^2 は e の 2 乗ですが，$e^x = \exp(x)$ は e の x 乗です。

$$f(x) = \frac{1}{\sqrt{2\pi}\sigma} \exp\left\{ -\frac{1}{2}\left(\frac{x-\mu}{\sigma}\right)^2 \right\}$$

　この式の分布を簡単に $N(\mu, \sigma^2)$ と書きます。μ は平均値，σ^2 は分散に当たります。$\mu = 0$，$\sigma^2 = 1$ の場合，すなわち，$N(0, 1^2)$ を**標準正規分布**といい

ます。$N(0, 1)$ と書いてもよいのですが，1が分散であることを意識して $N(0, 1^2)$ と書くことが多くなっています。

この数式は
かなりむつかしいので
細かいことは
パスしてもらっても
よろしいでしょう

いま，仮に，無次元の量（つまり，単位のない量）u を導入して，

$$u = \frac{x - \mu}{\sigma}$$

という式で変換しますと，分布の式は，

$$f(u) = \frac{1}{\sqrt{2\pi}} \exp\left(-\frac{1}{2}u^2\right)$$

となります。これは，一般の正規分布が変換式

$$u = \frac{x - \mu}{\sigma}$$

によって，標準正規分布に変換されることを意味しています。この変換は，第2章の1（p74）に出てきました**データの標準化**（規準化，正規化）に当たります。この $f(u)$ の式を計算することはなかなか大変ですので，通常は $N(0, 1^2)$ の数表を引いて求めます。$N(\mu, \sigma^2)$ に従う確率変数の値も，$N(0, 1^2)$ に変換して数表（巻末 p215）を引くことによって求められます。数表の引き方は練習をしておいて下さい。

例題 $N(9, 3^2)$ の正規分布に従う確率変数 X が，6と12の間の値をとる確率 $Pr(6 < X \leq 12)$ を求めてみます。ただし，$N(0, 1^2)$ に従う X について，$Pr(0 < X \leq 1) = 0.3413$ とします。

まず，

$$Z = \frac{X - 9}{3}$$

と置きますと，Z は $N(0, 1^2)$ に従うことになりますから，$X = 6$ の時 $Z = -1$，$X = 12$ の時 $Z = 1$ なので，

$$Pr(6 < X \leq 12) = Pr(-1 < Z \leq 1)$$

となります。$N(0, 1^2)$ の数表があれば使いますが，ここでは，$Pr(0 < X \leq 1)$

が与えられています。しかし，数表を引く練習として，巻末（p 215）の正規分布表を引いてみて下さい。$K_p = 1.0$ の時の右側確率から $P = 0.1587$ が得られますので，次のように求まります。

$$Pr\,(0 < X \leqq 1) = 0.5 - 0.1587 = 0.3413$$

問題に戻りますと，グラフが左右対称であることも使って，

$$Pr\,(-1 < Z \leqq 1) = 2Pr\,(0 < Z \leqq 1)$$
$$= 2 \times 0.3413$$
$$= 0.6826$$

すなわち，

$$Pr\,(6 < X \leqq 12) = 0.6826$$

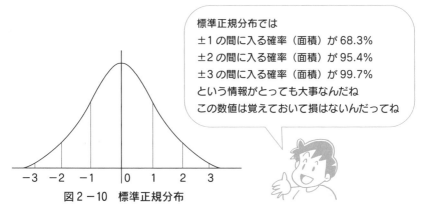

標準正規分布では
±1の間に入る確率（面積）が68.3%
±2の間に入る確率（面積）が95.4%
±3の間に入る確率（面積）が99.7%
という情報がとっても大事なんだね
この数値は覚えておいて損はないんだってね

図2−10　標準正規分布

数表から目的とする数字を
探せるように
よく練習して
おきましょう。
何度も引いてみて
感覚をつかんでおきましょう

b）二項分布

コインの表裏のように二つの現象（事象）しかない時の分布です。二つの事象の確率を p および q としますと，

$$p + q = 1$$

それを n 回繰返した時，p が x 回，q が y 回起こる確率は $(x+y=n)$，

$$_n\mathrm{C}_x p^x q^y = {}_n\mathrm{C}_x p^x (1-p)^{n-x}$$

となります。

　ここで，$_n\mathrm{C}_x$ は（初めてお目にかかる方もおられると思いますが）n 個のものから x 個を取り出す組合せと言って，その組合せの場合の数（何通りあるかという数）を示します。$_n\mathrm{C}_x$ は $\binom{n}{x}$ とも書きます。

　これとは別に，n 個のものから x 個を取り出して並べる場合の数を表わすのが順列といって $_n\mathrm{P}_x$ と書かれますが，二項分布では扱いません。

$$_n\mathrm{C}_x = \frac{n\,!}{x\,!(n-x)\,!}$$

　ここで，$n\,!$ は「n の階乗」と読んで，以下のように定義されます。「n のビックリ」とかわいい読み方をする人もいます。

$$n\,! = 1 \times 2 \times 3 \cdots \times (n-1) \times n$$
$$0\,! = 1$$

ためしに，$n = 4$ の時に $_nC_x$ を少し計算してみましょう。

$_4C_2$ などは
すぐにはどうやって求めるのか
とまどうけれども
順に公式に代入してみれば
どんなものなのか
わかりますよ

$$_4C_0 = \frac{4!}{0!(4-0)!} = \frac{4 \times 3 \times 2 \times 1}{1 \times (4 \times 3 \times 2 \times 1)} = 1$$

$$_4C_1 = \frac{4!}{1!(4-1)!} = \frac{4 \times 3 \times 2 \times 1}{1 \times (3 \times 2 \times 1)} = 4$$

$$_4C_2 = \frac{4!}{2!(4-2)!} = \frac{4 \times 3 \times 2 \times 1}{(2 \times 1) \times (2 \times 1)} = 6$$

$$_4C_3 = \frac{4!}{3!(4-3)!} = \frac{4 \times 3 \times 2 \times 1}{(3 \times 2 \times 1) \times 1} = 4$$

$$_4C_4 = \frac{4!}{4!(4-4)!} = \frac{4 \times 3 \times 2 \times 1}{(4 \times 3 \times 2 \times 1) \times 1} = 1$$

この結果は，次の展開式の係数と見比べていただくと，二項係数と呼ばれる
意味がおわかりになるかと思います。

$$(x+1)^4 = x^4 + 4x^3 + 6x^2 + 4x + 1$$

$n!$ は n の階乗と読むのだけれど
n のビックリと読む人もいるね

$_nC_x$ は，次のように計算すると楽ですよ。
分母と分子に同じ数だけ数字を並べます。

$$_5C_3 = \frac{5!}{3!(5-3)!} = \frac{5 \times 4 \times 3}{3 \times 2 \times 1} = 10$$

確率 p の事象が n 回繰り返される二項分布を $B(n, p)$ と書くこともありま
す。

例題 表裏が同じ確率で出る硬貨を無作為に 5 回繰り返して投げる時，表が x 回出る回数の確率分布 $p(x)$ はどのようになるか。

　まず，二項分布の式を立ててみます。5 回のうち，x 回だけ表が出る確率ですから，

$$p(x) = {}_5C_x \left(\frac{1}{2}\right)^x \left(\frac{1}{2}\right)^{5-x}$$

　これは，二項分布 $B(5, 0.5)$ に当たります。x に $0 \sim 5$ を代入して計算しますと，${}_5C_0 = {}_5C_5 = 1$，${}_5C_1 = {}_5C_4 = 5$，${}_5C_2 = {}_5C_3 = 10$ ですから，次のように計算されます。

表 2 − 1　二項分布の回数と確率

表の回数 x	0	1	2	3	4	5
その確率 $p(x)$	$\frac{1}{32}$	$\frac{5}{32}$	$\frac{10}{32} = \frac{5}{16}$	$\frac{10}{32} = \frac{5}{16}$	$\frac{5}{32}$	$\frac{1}{32}$

0 回と 5 回，1 回と 4 回，そして，2 回と 3 回は同じ確率になるんだね

確認問題

知識・実力の確認をしましょう。○か×か考えてみて下さい。

( ) **問1**：1，2，3，4，5という5個のデータの集合をMと書けば，Mは次のように書かれるという。

M ＝ |1，2，3，4，5|

このMのメディアン $\tilde{x}$ を求めると3となる。

( ) **問2**：M ＝ |3，2，5，1，5，6| の平方和は，19.3である。

( ) **問3**：M ＝ |3，2，5，1，5，6| の分散は，3.86である。

( ) **問4**：M ＝ |3，2，5，1，5，6| の標準偏差は，3.86である。

( ) **問5**：M ＝ |3，2，5，1，5，6| の範囲は3である。

● ● ● 正解と解説 ● ● ●

正解	問1：○ 問2：○ 問3：○ 問4：× 問5：×

問1 解説 （○）

記述の通りですね。メディアンとは中央値ですから，大きさが真ん中の数字が選ばれます。

問2 解説 （○）

これも記述の通りです。計算は次のようにします。

$$E(x) = (3+2+5+1+5+6) \div 6 = 3.667$$

ですから，

$$S(x) = (3^2 + 2^2 + 5^2 + 1^2 + 5^2 + 6^2) - 6 \times 3.667^2 = 19.32 \fallingdotseq 19.3$$

この問題では，平方和を「19.3」と3桁で表現しています。その場合，平均値 $E(x)$ を求める際に，問題の3桁より一桁多い4桁で求めて3.667とし，平方和 $S(x)$ を求める場合に3.667を使うことが正しい求め方です。そして最後に四捨五入して3桁にして19.3と答えることが正解です。かりに，平均値を3.67として平方和を求めますと19.2となって若干異なる答えとなります。

第2章

問3 解説 （○）

やはり記述の通りです。次のような計算になります。

$$V = V(x) = \frac{19.32}{6-1} = 3.864 \fallingdotseq 3.86$$

問4 解説 （×）

これは誤りですね。分散と標準偏差が同じではよろしくありませんね。標準偏差は，分散の平方根ですので，次のように1.97となります。

$$s = \sqrt{3.864} = 1.965 \fallingdotseq 1.97$$

問5 解説 （×）

$R = 6-1 = 5$ ですから範囲は5となります。R はレンジの頭文字です。

実社会では「このデータのアールはどのくらいですか？」などと，範囲のことを単に「アール」と言う人もかなりいます。

このデータのアールはどれだけですか？

えっ！そんなにもアールんですか？

問題1

重要度 Ⓐ

データの取扱いに関する次の文章において，正しいものには〇を，正しくないものには×を解答欄に記入せよ。

① 範囲，分散，標準偏差，変動係数などは，ばらつきの指標である。

(1)

② 範囲とは，データの最小値からデータの最大値を引いたものである。

(2)

③ データ x_i $(i = 1 \sim n)$ の偏差平方和は，平均値を $\overline{x}$ とすると，定義としては

$$\sum_{i=1}^{n} (x_i - \overline{x})^2$$

のようになるが，これをデータの総和 $\sum_{i=1}^{n} x_i$ と平方和 $\sum_{i=1}^{n} x_i{}^2$ とを用いて次のように計算することが便利である。

$$\sum_{i=1}^{n} x_i{}^2 - \frac{\left(\sum_{i=1}^{n} x_i\right)^2}{n}$$

(3)

④ 偏差平方和をデータの数で割ったものが不偏分散となる。 (4)

【解答欄】

(1)	(2)	(3)	(4)

問題2

平均値に関する次の文章において，正しいものには〇を，正しくないものには×を解答欄に記入せよ。

① 二つの異なる正数の調和平均は，常に相加平均より大きい。 　(5)

② 二つの数 a, b の相乗平均は次のように書かれる。
$$\sqrt{ab}$$
(6)

③ 二つの正数 a, b の対数平均は，次のように書かれる。
$$\frac{a-b}{\ln(a)-\ln(b)}$$
(7)

④ 二つの数 a, b に対する重みがそれぞれ W_a, W_b であったとすると，重み付け平均は次のようになる。
$$\frac{aW_a+bW_b}{W_a+W_b}$$
(8)

【解答欄】

(5)	(6)	(7)	(8)

問題3 重要度 B

第2章

次の図において，(9)～(12)のそれぞれに対して適切な用語を選択肢欄から選んでその記号を解答欄に記入せよ。ただし，各選択肢を複数回用いることはない。

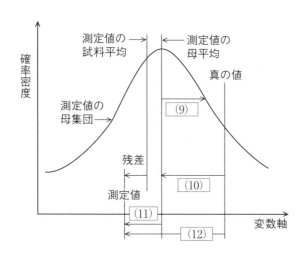

【選択肢】

ア．変動	イ．ばらつき	ウ．かたより
エ．偏差	オ．誤差	カ．算術平均
キ．調和平均	ク．相乗平均	ケ．母分散

【解答欄】

(9)	(10)	(11)	(12)

実 戦 問 題 解答と解説

問題1

解答

(1)	(2)	(3)	(4)
○	×	○	×

解説

② 範囲は正の数値にならなければなりません。最小値から最大値を引くというのは負の数になりますので誤りです。正しくは，データの最大値からデータの最小値を引いたものです。

③ 記述の通りです。式の誘導は

$$\sum_{i=1}^{n} x_i = n\overline{x} \qquad \text{（平均値の定義式から）}$$

$$\sum_{i=1}^{n} \overline{x}^2 = n\overline{x}^2 \qquad \text{（定数は}\Sigma\text{記号の前に出ます。そして，}\sum_{i=1}^{n} 1 = n\text{）}$$

であることなどを用いて，次のように行われます。

$$\sum_{i=1}^{n} (x_i - \overline{x})^2 = \sum_{i=1}^{n} (x_i{}^2 - 2\overline{x}x_i + \overline{x}^2)$$

$$= \sum_{i=1}^{n} x_i{}^2 - 2\overline{x} \sum_{i=1}^{n} x_i + \sum_{i=1}^{n} \overline{x}^2$$

$$= \sum_{i=1}^{n} x_i{}^2 - 2\overline{x} \cdot n\overline{x} + n\overline{x}^2$$

$$= \sum_{i=1}^{n} x_i{}^2 - n\overline{x}^2$$

$$= \sum_{i=1}^{n} x_i{}^2 - \frac{\left(\sum_{i=1}^{n} x_i\right)^2}{n}$$

④ 不偏分散は，偏差平方和をデータの数で割ったものではなくて，データの数から1を引いたもの（自由度）で割ったものです。データの数が多い時には，これらの差は小さいですが，データの数が少ない時にはある程度の差が出ます。

問題2

解答

(5)	(6)	(7)	(8)
×	○	○	○

解説

① 正しくは「二つの異なる正数の相加平均は調和平均より常に大きい」ということになります。調和平均の方が小さいのです。

二つの正数を，a, b (>0) としますと，その相加平均は，

$$\frac{a+b}{2}$$

調和平均は，次のようになります。

$$\frac{2ab}{a+b}$$

これらの間には，次のような大小関係が成立します。

$$\frac{a+b}{2} \geqq \frac{2ab}{a+b}$$

これを証明する方法はいくつかありますが，例えば，左辺から右辺を引いてみます。

$$\frac{a+b}{2} - \frac{2ab}{a+b} = \frac{(a+b)^2 - 4ab}{2(a+b)} = \frac{(a-b)^2}{2(a+b)}$$

$a>0$, $b>0$ですから，分母は正であり，この式全体は非負（$\geqq 0$）ですから，これで証明が出来たことになります。この式の等号は$a=b$の時ですから，異なる正の数であれば，常に正（>0）となります。

③ 記述の通りです。対数平均は，対数関数の性質上，次のようにも書かれます。これは$\ln(a) - \ln(b) = \ln(a/b)$という公式に基づいています。

$$\frac{a-b}{\ln\left(\frac{a}{b}\right)}$$

この式で，$a=b$の時に対数平均がaやbに等しくなるかどうか心配される向きもあろうかと思いますが，xの絶対値が1よりかなり小さい時に次の

近似ができますので,

$$\ln(1+x) = x - \frac{x^2}{2} + \frac{x^3}{3} + \cdots \doteqdot x$$

という関係を使うことで,$\frac{a}{b}$ が 1 に近い時に,

$$\frac{a-b}{\ln\left\{1+\left(\frac{a}{b}-1\right)\right\}} \doteqdot \frac{a-b}{\frac{a}{b}-1} = \frac{(a-b)b}{a-b} = b$$

となって,いきなり $a = b$ にすると $0 \div 0$ で計算ができませんが,極限としては a および b に等しくなることがわかります。

④　これは,重み付き平均の問題です。それぞれのデータに重要度を掛けて平均を求めるものですが,具体的には,データ a に a の重みの W_a を掛け,データ b に b の重みの W_b を掛けて,それらを合計したものを,全体の重みの $W_a + W_b$ で割って求めます。このような計算によって重みを付けた平均が求まります。

図や表やイラストを書いてみることは,問題を解くのに結構役立つものなんだね

問題3

解答

(9)	(10)	(11)	(12)
イ	ウ	エ	オ

解説

図からいろいろなことを読み取る問題です。面食らわれるかもしれません

が，ひとつひとつ見ていきながら意味するところを考えてみましょう。

⑼　これは，図から見ますと，測定値の母平均と分布そのものの差ですね。つまり分布の「測定値のばらつき」を意味します。

⑽　これは，測定値の母平均と真の値との差，ということです。「測定値のかたより」です。

⑾　測定値の母平均と測定値との差ですね。これは偏差といいます。図にありますように，試料平均と測定値との差が残差と呼ばれますが，母平均は求めにくいこともあり，偏差を使うべきところを残差で代用することもよく行われます。

⑿　真の値と測定値との差ですので，これは，基本的に「誤差」となります。偏差と誤差の違いが，わかりにくいかもしれませんが「標準偏差」とは言っても「標準誤差」とは言わないことなどに留意下さい。

2 QC 七つ道具

学習ポイント

・QC 七つ道具とは何か？
・QC 七つ道具の内容と使い方
・相関係数の値と相関の度合い

重要度
A

● ● ● ● 試験によく出る重要事項 ● ● ● ●

　品質管理（QC）には，その手段方法として，**QC 七つ道具**と**新 QC 七つ道具**というものがあります。前者は，主として数量的なデータを統計的に扱う方法で，この節で説明します。後者は主として言語データを扱う方法で，本章の3（p 117）で説明します。ここで「主として」と断っているのは，それぞれに若干の例外があるからです。

　QC 七つ道具には次の表のようなものがありますが，以下に説明しますように二つの立場があります。

表2－2　QC 七つ道具

種　　　類	内　　　容
特性要因図（魚の骨図）	要因が結果に関係し影響している様子を示す図
パレート図（累積度数分布図）	発生頻度を整理して，頻度の順に棒グラフにし，累積度数を折れ線グラフで付加したもの
チェックシート	頻度情報を加筆しつつ整理できるようにした表
ヒストグラム（柱状図）	計量値のデータの分布を示した棒グラフ
散布図	二つの変量を座標軸上のグラフとして打点したもの
グラフ	数量データを表わすための図形
管理図（工程能力図）	工程などを管理するために用いられる折れ線グラフ

　ここで，管理図と工程能力図は類似のものですが，必ずしも同一ではありません。また，グラフと管理図を合体させて，新たに次の層別を加える立場もあります。

層別	データを，何らかの視点で分類し整理すること

特性要因図
パレート図
チェックシート
ヒストグラム
散布図
管理図
グラフ

特性要因図
パレート図
チェックシート
ヒストグラム
散布図
グラフ・管理図
層別

QC七つ道具と言っても
立場によって
少し違うものが入っている
ものもあるんだね

図2-11　QC七つ道具の二つの立場

1　特性要因図（魚の骨図）

　石川 馨 博士が始めたものとされていますが，原因（要因）が結果（品質特性など）にどのように関係し，また影響しているかを示す図として，**特性要因図**があります。特性に対してその発生の要因と考えられる事項とを矢印で結んで図示したものです。その形から**魚の骨図**（Fishbone Diagram）とも呼ばれます。提唱者の名前から石川ダイヤグラムともいいます。図2-12にその例を示します。

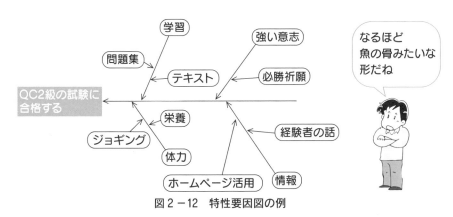

図2-12　特性要因図の例

　特性要因図では，魚の骨とも言うくらいですから，次の図のように，背骨，大骨，中骨，小骨（時には，孫骨，その時は小骨でなくて子骨とも）などという言葉も使われます。

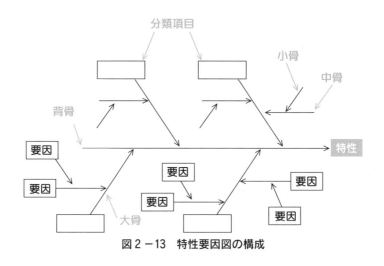

図 2 － 13　特性要因図の構成

　この手法は，七つ道具の中では，例外的に（数量データではなくて）言語データを扱う手法ですが，多くの人が共同で作成することによって，一部の人の情報や考え方を全員で共有することもできます。

2 パレート図（累積度数分布図）

　なんらかの現象の発生頻度を，その分類項目別に整理して，頻度の大きい順に棒グラフにし，その累積の度数を折れ線グラフにしたものです。折れ線グラフは最後には100%になります。分類項目の「その他のもの」を最後に書くことが原則です。頻度の大きい順に表わすことは，効果の大きいものについて重点的に対策を取ることがしやすいよう配慮したものです。p 40で示しました重点志向という考え方に添った方法といえます。また，p 116のパレートの法則とも多少の関連があります。参考にして下さい。

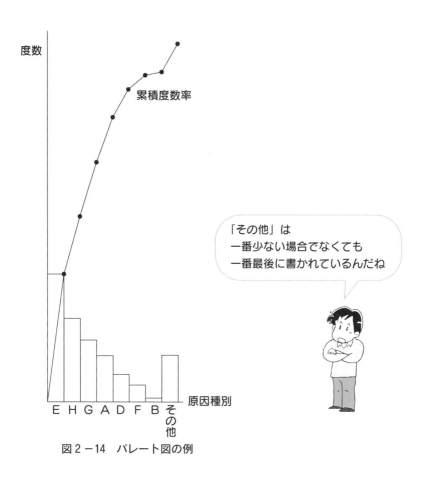

度数

累積度数率

「その他」は
一番少ない場合でなくても
一番最後に書かれているんだね

原因種別

E H G A D F B その他

図2-14　パレート図の例

3 チェックシート

　管理に必要な項目や図などがあらかじめ印刷されていて，テスト記録，検査結果，作業点検記録等の確認や記録が，簡単なチェック・マークを付けることでできるようになっている用紙を**チェックシート**といいます。目的によって，次のような分類がなされます。a）～c）は**データシート**とも呼ばれます。

a）工程分布調査用チェックシート
b）不良項目別調査用チェックシート
c）欠点発生位置調査用チェックシート
d）不良要因調査用チェックシート
e）点検結果確認用チェックシート（チェックリスト）
f）その他のチェックシート

工程異常のチェックシート

異常項目	A工程	B工程	C工程
回転不良	正	下	一
劣化	丁	一	丁
液漏れ	下		下
腐食	一		正
その他	丁	一	下

図2－15　チェックシートの例

そうだよね
こうやって
カウントして
いくよね

漢字の国では
そうだけど
欧米では
という書き方が
使われるらしいね

4 ヒストグラム（柱状図，度数分布図）

　数量データの分布を示した棒グラフ（柱状グラフ）で，全体の分布状況を一目で把握することができます。一般にデータ数や平均値，標準偏差などが付記されることも多く，また，品質規格の上限値と下限値が表示され，規格から外れているものがどの程度あるのかを把握することもできます。
　横軸にとる柱の幅を**区分（区間）**あるいは**級**といいます。

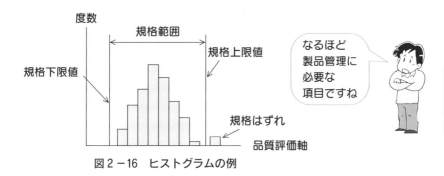

図2−16　ヒストグラムの例

　ヒストグラムには，図2−17に示しますような形の上からの呼び方があります。通常は中心から両側に頻度が小さくなる一般型（正常型）になりますが，時には，その他の形になることもあります。絶壁型は特定の選別などが行われた場合に起こりやすく，離れ小島型は一部の異種なものが混じっている場合，また，二山型は性格の異なる集団が混在している場合などに起こりやすいものとなっています。歯抜け型は，測定上の問題や区分の不適切などが原因になることがあります。絶壁型には，図2−17にありますような右側が絶壁になっている右絶壁型の他に左側が絶壁になっている左絶壁型もあります。

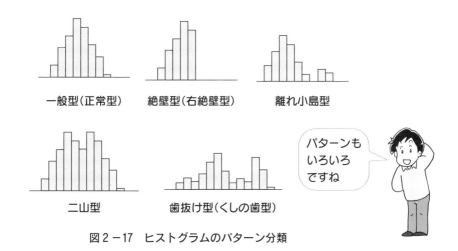

図2−17　ヒストグラムのパターン分類

 **お茶にしますか？**

学者と豆腐屋の話

　江戸時代，ある偉い学者さんが，いつも豆腐を買っている豆腐屋さんに声をかけたそうです。当時ですから，豆腐の重さの単位は「もんめ」です。

学者「これ，豆腐屋，お前のとこの豆腐は何もんめか」
豆腐屋「へい，10もんめです」
学者「けしからん。お前は，わしに9もんめの豆腐をくれることもある」
豆腐屋「へい，すみません。これからはそうしないようにします」

　それから，しばらくたったある日，
学者「これ，豆腐屋，お前は，作った豆腐のうち，10もんめ以上のものだけをわ
　　　しに売ってくれて，それより軽い豆腐を他の客に売っているだろう」
豆腐屋「えっ，どうしてそれが分かるのですか？」

　豆腐屋さんにはわからないでしょうが，この学者さんの理屈をお教えしますと，ヒストグラムを作ったところ，次の図のように左絶壁型になったからなのです。一般に，ばらつきは左右対称になるはずですから，豆腐屋さんが一部カットして売っていると判断したのです。ヒストグラムについて学習された皆さんには，この理屈はおわかりのことと思います。

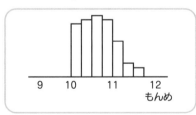

　実は，この話は落語や講談・浪曲で有名な演目「徂徠豆腐」にこじつけたお話ですが，ほんとうのところは，学者の荻生徂徠と豆腐屋さんの涙の人情物語なのです。貧しい学者が豆腐すら買えずに豆腐屋さんの情けによって「おから」をただでもらっていたのですが，そのうちに学問をして出世します。そして，火事にあって困っていた豆腐屋さんに恩返しをするという美談のお話です。

102

5 散布図

　二つの変量の間の関係を把握しやすくするために，座標軸上のグラフとしてプロット（打点）したものです。この図にも，データ数や相関係数などが付記されることがあります。相関係数は一般に r と書かれ，－1から1までの間の数値（$-1 \leqq r \leqq 1$）となって，r が0の場合に「相関がない」，r が1に近いほど「正の相関が強い」（右上がりの傾向），r が－1に近いほど「負の相関が強い」（右下がりの傾向）ということになっています。$r = 1$ や $r = -1$ の場合には，打点が完全に一直線上に並ぶことになります。

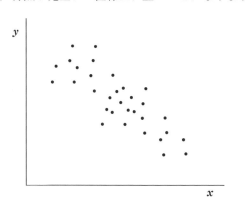

図2－18　散布図の例

r	評価の表現
1	完全な正の相関あり
	強い正の相関あり
0.7	
	正の相関あり
0.4	
	弱い正の相関あり
0.2	
0	相関なし
−0.2	
	弱い負の相関あり
−0.4	
	負の相関あり
−0.7	
	強い負の相関あり
−1	完全な負の相関あり

図2－19　相関係数の目安

相関係数 r の求め方は以下のようなものです。

$$r = \frac{S_{xy}}{\sqrt{S_{xx}\,S_{yy}}}$$

この式で，S_{xx} は偏差平方和（S_{yy} も同様です），S_{xy} は偏差積和と呼ばれる次のものです。（　）のある式は定義式，その右の式はそれを簡単にしたものです。定義式から右の式に誘導する方法は，p 92を参照下さい。

$$S_{xx} = \sum_{i=1}^{n}(x_i - \overline{x})^2 = \sum_{i=1}^{n}x_i^2 - n\overline{x}^2$$

$$S_{xy} = \sum_{i=1}^{n}(x_i - \overline{x})(y_i - \overline{y}) = \sum_{i=1}^{n}x_i y_i - n\overline{x}\,\overline{y}$$

最近では
相関係数などは
電卓やパソコンで
簡単に求められる時代ですね
ありがたいことですね

6　グラフ

これまでに説明してきましたパレート図，ヒストグラム，散布図などもグラフの仲間ですが，他にもより多くのグラフが数量データを表わすためにいろいろと工夫されて用いられます。

主なグラフの種類を挙げてみますと，次のようになります。

a）棒グラフ，折れ線グラフ

b）円グラフ，ドーナツグラフ（二重円グラフ）

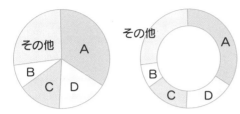

よく見る
グラフですね

第2章

円グラフ　　　　　ドーナツグラフ

図2−20　円グラフとドーナツグラフの例

このあたりのグラフは
小学生の時から
おなじみかも
しれませんね

「手法」などというほど
大げさなものでもありませんが

c）帯グラフ，ガントチャート

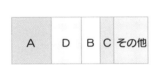

銘柄＼日程		10	20	30
A	計画			
	実績			
B	計画			
	実績			
C	計画			
	実績			

帯グラフ　　　　　　　ガントチャート

図2−21　帯グラフとガントチャートの例

ガントチャートとは
面白い名前ですね

ガントというのは
人の名前に由来します

d）三角グラフ（三角座標によるグラフ），**レーダーチャート**（中心から広がる形のグラフ）

　　この三角グラフは，初めはどのように読むのか戸惑われるかと思いますが，よく眺めてみて下さい。

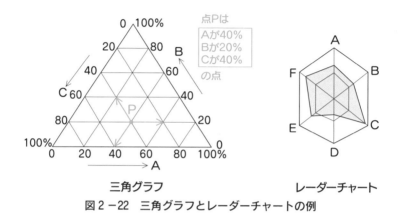

三角グラフ　　　　　　　　　　　　　　　レーダーチャート

図2－22　三角グラフとレーダーチャートの例

三角グラフの点は
どこから読んだらよいか
一見わかりにくいですが
外側の目盛を
よく見るといいですよ

e）絵グラフ，地図グラフ（絵や地図の大きさで量を示します）

絵グラフにはいろいろ工夫
されたものがあるよね
たとえば，人口ピラミッド
などもそうだし
都道府県の人口に比例した
面積で地図を描くような
ものもあるんだね

そうかぁ
グラフにも
いろんな種類が
あるんだね

　グラフにおいて，各種の線を書くことがあり，線種を使い分けますと見やすくなることがあります。なお，波線と破線は音で読むと同じ発音になりますので，区別のために波線は「はせん」と読まず「なみせん」と読む習わしになっています。

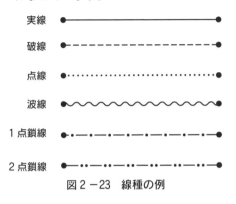

実線	
破線	
点線	
波線	
1点鎖線	
2点鎖線	

よく使う線
ばかりですね

点線と破線は
いちおう区別されて
いるのですね
実線が途切れている
のが破線で
点が並んでいるのが
点線なのですね

図2−23　線種の例

7 管理図・工程能力図

　工程などを管理するために用いられるプロット図（打点した図）や折れ線グラフなどを**管理図**，あるいは，**工程能力図**などと呼んでいます。詳細は第3章の1（p 140）で詳しく説明します。

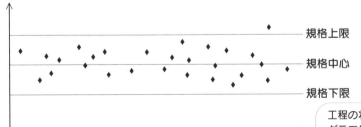

品質特性値

規格上限

規格中心

規格下限

製造時間

図2−24　品質特性の工程能力図の例（プロット図）

工程の状態を
グラフに
するのですね

8 層　別

　データを要因ごとに分けて整理したものを**層別**といい，その作業を「層別する」といいます。これによって正確に情報が把握でき，問題の原因判別につながる有効な手段となる可能性があります。図2−25において全体のデータを散布図に表わしたものはとくに相関がないように見えますが，□と△を分けて（層別して）散布図にしてみますと，□は正の相関が見えますし，△のデータには負の相関が見えると考えられます。七つ道具に8番目があるのもおかしなことですが，p 97の図2−11の話のような理由です。

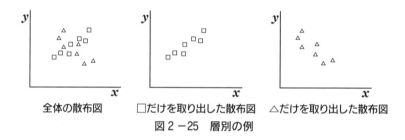

全体の散布図　　　□だけを取り出した散布図　　　△だけを取り出した散布図

図2−25　層別の例

層別っていうのは
何かの条件などで
データを区分してみる
ことなんですね

そうすると
はじめのデータからは
見えなかったものが
見えてくることもあるんですね

確認問題

知識・実力の確認をしましょう。○か×か考えてみて下さい。

( ) 問1：QC 七つ道具と呼ばれるものは，特性要因図，パレート図，チェックシート，ヒストグラフ，散布図，管理図，グラフの七つである。ただし，グラフと管理図を合わせ，新たに層別を加える立場もある。

( ) 問2：特性要因図はその形から魚の骨図と呼ばれることもある。

( ) 問3：パレート図は，累積度数分布図とも呼ばれ，一般に分布比率が大きいものから書くことが推奨されている。

( ) 問4：散布図において，相関係数が付記されることもあるが，相関係数を r と書くとき，r が1に近いほど「負の相関が強い」とされる。

( ) 問5：層別をすることによって，問題の原因が明確になる場合もあるので，適切な層別は原因を見出すための有効な手段となることも多い。

● ● ● 正解と解説 ● ● ●

正解	問1：× 問2：○ 問3：○ 問4：× 問5：○

問1 解説 （×）

　QC 七つ道具は記述の7手法のうち，ヒストグラフではなくてヒストグラムが正しい用語です。グラフと管理図を合わせ，新たに層別を加える立場があることもその通りです。

問2 解説 （○）

　記述の通りです。「魚の骨図」は，いわば俗称ですが，わかりやすいのでよく用いられます。

問3 解説 （○）

　これも記述の通りです。普通は大きいものから対策をとります。

問4 解説 （×）

　相関係数の r は1に近いほど「正の相関が強い」とされます。「負の相関が強い」は r が -1 に近い場合のことです。

問5 解説 （○）

　記述の通りです。場合によりけりですが，層別もかなり役に立つことがあります。

実 戦 問 題

問題1 重要度 Ⓐ

　ヒストグラムの例として挙げられた①〜⑤のそれぞれに対して，一般に用いられている名称を選択肢欄から選んでその記号を解答欄に記入せよ。ただし，各選択肢を複数回用いることはない。

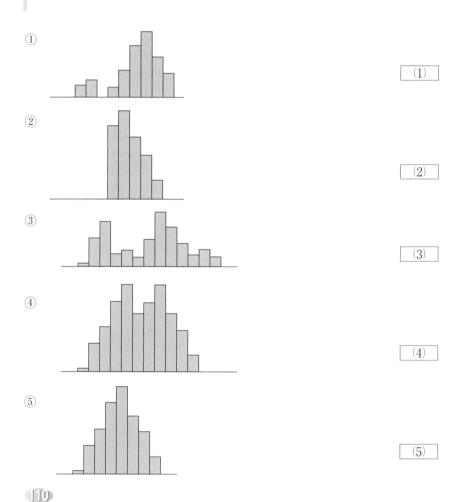

①

(1)

②

(2)

③

(3)

④

(4)

⑤

(5)

【選択肢】

ア．絶壁型	イ．海底型	ウ．二山型
エ．バスタブ型	オ．離れ小島型	カ．大陸型
キ．双子型	ク．一般型	ケ．歯抜け型

【解答欄】

(1)	(2)	(3)	(4)	(5)

問題2　重要度 Ⓑ

　図はヒストグラムの例である。図中の(6)～(10)のそれぞれに対して適切な用語を選択肢欄から選んでその記号を解答欄に記入せよ。ただし，各選択肢を複数回用いることはない。

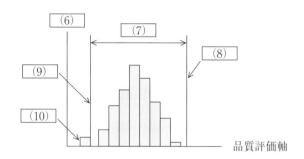

品質評価軸

【選択肢】

ア．規格はずれ	イ．期待値	ウ．確率変数
エ．規格上限値	オ．規格下限値	カ．規格範囲
キ．平均値	ク．度数	ケ．変量範囲

【解答欄】

(6)	(7)	(8)	(9)	(10)

問題3

重要度

　次の各々のグラフにつき，①～⑦のそれぞれに対して適切な名称を選択肢欄から選んでその記号を解答欄に記入せよ。ただし，各選択肢を複数回用いることはない。

①

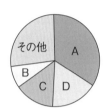

⑪

②

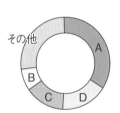

⑫

③

銘柄	日程	10	20	30
A	計画			
	実績			
B	計画			
	実績			
C	計画			
	実績			

⑬

④

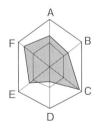

⑭

⑤

| A | D | B | C | その他 |

⑮

⑥

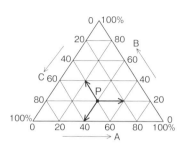

⑯

⑦

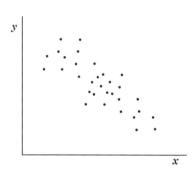

⑰

【選択肢】

ア．円グラフ	イ．三角グラフ	ウ．レーダーチャート
エ．ガントチャート	オ．折れ線グラフ	カ．ドーナツグラフ
キ．地図グラフ	ク．帯グラフ	ケ．散布図
コ．絵グラフ	サ．管理図	シ．アロー・ダイヤグラム

【解答欄】

⑾	⑿	⒀	⒁	⒂	⒃	⒄

実 戦 問 題 解答と解説

問題1

解答

(1)	(2)	(3)	(4)	(5)
オ	ア	ケ	ウ	ク

解説

　それぞれの形の特徴からほぼおわかりと思います。それらの特徴が一般にどういう要因から来るかという点についても再確認をお願いします。

問題2

解答

(6)	(7)	(8)	(9)	(10)
ク	カ	エ	オ	ア

解説

　製品の品質評価などにおけるヒストグラムの典型例です。一般に横軸に品質に関する変量を取り，縦軸には度数を取ります。規格幅の上下限が(8)と(9)で示され，(7)がその幅となっています。(10)は規格下限値を下回っていますので，規格はずれですね。

問題2

解答

(11)	(12)	(13)	(14)	(15)	(16)	(17)
ア	カ	エ	ウ	ク	イ	ケ

第2章

解説

　皆さんが比較的見慣れたグラフが多いかと思います。名前と図形とが一致するものも多いと思います。ただレーダーチャートやガントチャートはそれほどポピュラーではないかもしれませんね。散布図は七つ道具では独立していますので，グラフではないのではないかと思われる方もおられるかもしれませんが，グラフの一種であることは間違いありません。その意味では，ヒストグラムやパレート図も広い意味でグラフに属することになります。

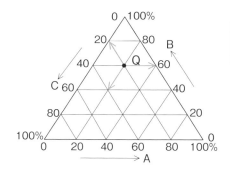

正三角形のグラフでは
どちらの軸で読むのかが
とても大事ですね
間違いやすいから‥

パレートの法則

BREAK お茶にしますか？

　パレートの法則というものがあります。経済において，全体の量の大部分は，全体を構成するうちの一部の要素が生み出しているというものです。「法則」という名前になっていますが，実際には，説あるいは，経験則です。

　「全体の20%の原因で80%の結果が起こっている」「上位２割が全体の８割を占める」というようなことから「80対20の法則」などと呼ばれることもあります。

　経済以外にも自然現象や社会現象など様々な事例に当てはめられることがあります。自然現象や社会現象は決して平均的に影響しているのではなく，ばらつきやかたよりが存在し，それらの一部が全体に対して大きな影響を持っていることが多い，というごく当たり前の現象をパレートの法則の名を借りて説明しているものも多いです。

　例を挙げますと，
「企業の利益の８割は，全従業員のうちの２割で生み出している」
「仕事の成果の８割は，使った時間のうちの２割の時間から生み出されている」
「故障の８割は，全部品のうち２割に原因がある」
などです。

世界の20%の人たちが
世界の富の80%を持っている
というのもありそうですね

3 新 QC 七つ道具

学習ポイント

・言語データの活用法
・新 QC 七つ道具とは？
・新 QC 七つ道具の内容と使い方

重要度
B

試験によく出る重要事項

　本章の 2 で説明しました QC 七つ道具とは別に，新たに七つ道具が整理されて，**新 QC 七つ道具（N 7）** と呼ばれるものがあります。これらは主に言語データを扱うものとなっています。その概略を表 2 － 3 に示します。

表 2 － 3　新 QC 七つ道具

種　類	内　容
親和図法（KJ 法）	多くの言語データを，それらの間の親和性（似ている程度）によって整理する手法
連関図法	複数で複雑な因果関係のある事象について，それらの関係を論理的に矢印でつないで整理する手法
系統図法	目的や目標を達成するために必要な手段や方策を，系統的に展開して整理する手法
マトリックス図法	二次元や多次元に分類された項目の要素の間の関係を，系統的に検討して問題解決の糸口を得る手法
マトリックスデータ解析法	数値化できるマトリックス図の場合に，その数値を加工し解析して見通しをよくして問題解決に至る手法
アロー・ダイヤグラム法（PERT 図法）	多くの段階のある日程計画を，効率的に立案し進度を管理することのできる矢線図
PDPC 法	困難な課題解決の進行過程において，あらかじめ考えられる問題を予測して対策を立案し，その進行を望ましい方向に導く手法

1　親和図法

　多くの言語データがあって，まとまりを付けにくい場合に用いられます。意

味内容が似ていることを「親和性が高い」と呼んで，そのようなものどうしを集めながら全体を整理してゆく方法です。この方法は川喜田二郎博士の考案された**KJ法**を七つ道具に取りこんだものです。一般に一つ一つのデータをカードにして検討グループ員に配って行いますので，**TKJ法**（トランプKJ法）とも呼ばれます。

　民俗学者であった川喜田先生は，現地調査で得た膨大なデータを一人で整理するために考案されたのですが，一般にはグループで作業して知識や問題意識の共有化などを目的に行われることが多いようです。

　主に次のような手順で行われます。

手順1　言語データ（情報やアイデア）をカード化する。

手順2　カードをシャッフルする。

手順3　カードを全員に配る。

手順4　一人が親になり一枚を読んで場に出す。

手順5　全員が，内容の面でそれに関連あると思うカードを出す。

手順6　それらをまとめて，**手順4**に戻る。

手順7　カードを出し終われば，それを大きな紙の上に整理して，グループごとにタイトルを付ける。それを「島」と呼びます。

手順8　親和性の高い島を集めながら，全体をまとめてゆく。

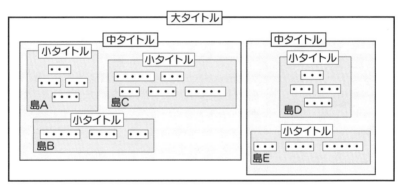

図2-26　親和図法のまとめ方の例

2　連関図法

　七つ道具の特性要因図に似ていますが，単にグルーピングして整理するだけでなく，原因と結果のメカニズムや因果関係を矢線（→）で結んでまとめていきます。特性要因図が要因を拾い上げることを目的とすることと異なって，連

関図法ではメカニズムや因果関係を重視します。

このようにまとめることによって，どの原因の対策を行うことがより重要であるかを突き止めて対策を立てます。

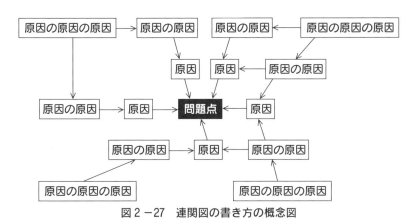

図2−27 連関図の書き方の概念図

連関図法には，次の図の例に示しますように，工夫次第でいろいろな使い方があります。

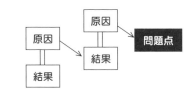

（a）ある原因が生んだ結果が次の原因となる場合

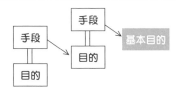

（b）ある目的のための手段が次の目的となる場合

図2−28 さまざまな連関図法の例

3 系統図法

　系統図法とは，図2−29のように枝分かれした図（系統図）によって，着眼点をもとに問題を仕分けしながら主に論理的に考えてゆくことで，問題を解析

したり解決するための案を得たりする手法です。

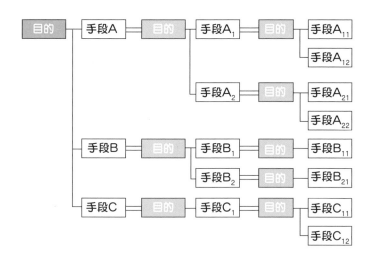

目的に対する手段を
論理的に「これしかない」として
展開した例

図2－29　系統図法の例

このような整理をしながら，全体を眺めて検討し，最適な方策を選択してゆきます。

具体例として，必要な機能とそれを果たすべき手段との関係を整理する**機能系統図**や，要求品質を実現するために代用特性を整理する**品質系統図**などもあります。

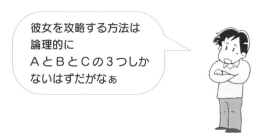

4 マトリックス図法

マトリックスとは，数学で（数字や文字を，縦と横に並べた）行列のことでしたね。マトリックス図法とは，問題に関連して着目すべき要素を，碁盤の目のような行列図（マトリックス図）の行と列の項目に並べて，要素と要素の交点において互いの関連の検討を行うための手法です。すべての欄を検討すれば，漏れがなくなります。

図2-30は二次元のマトリックス図ですが，この他に三次元のものなども工夫されています。

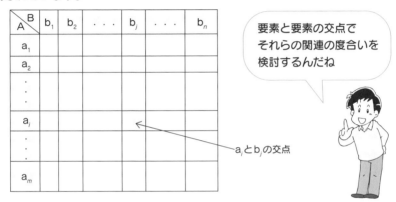

要素と要素の交点で
それらの関連の度合いを
検討するんだね

a$_i$とb$_j$の交点

図2-30　マトリックス図法の概念

死後の世界というのはあるのだろうか？

　私たち人間はいつか死を迎えますが，人間が死んだあとはどのようになると皆さんはお考えでしょうか。「死んだらそれっきりで，何にもならない，何もない」という人もおられるでしょうし，「肉体は滅んでも魂はあの世に行って，生前の行いによって良い世界に行ったり悪い世界に行ったりする」という考えの人も多いことと思います。まだ人間の科学は，そのどちらとも決めることはできていないようですね。

　マトリックス図法，と大げさにいうほどのものでもありませんが，死後の世界があると思う考えをA，ないと考える立場をBとし，また，実際に死後の世界があった場合をC，実際にはなかった場合をDとして，（A＋B）×（C＋D）のマトリックスを作ってみますと，次のようになります。

実際 ＼ 考え	A （あると考える）	B （ないと考える）
C （実際にある）	⑴	⑵
D （実際にはない）	⑶	⑷

　つまり，⑴〜⑷の４つのケースがあることになります。一般に死後の世界があると考える人，すなわち A の立場の人は，死後の世界でも良い世界に行こうとして現世でも良い行いを多くする傾向にあると言えるでしょう。ところが，B の立場の人は，「あるはずがない」と考える死後の世界のために今から何かをしておこうというのは無駄であると考えるでしょう。

　皆さんはこの点について，どのようにお考えでしょうか。A の立場の人が⑴になるケースは最も幸せなケースと言えるでしょう。A の人は，かりに⑶になったとしても，その場合には死後の世界がないのですから，悪い世界に行くこともありません。

　一方，B の立場の人にとっては，⑷のケースになったとしてもとくに問題にはなりません。しかし，最悪なケースは⑵のケースです。「あの世はない」と思って現世で悪い行いをした人が死後に悪い世界に行って苦労するケースです。

　いずれにしても，死後の世界はあるのかないのか死んでみないことにはわからないのですが，「最悪なケースを避ける」という戦略で，現世を「いい生き方」で生きることが望ましいといえるのではないでしょうか。

5　マトリックスデータ解析法

　この手法は，前項で作成するマトリックス図において，その結果を数値で評価できる場合に用いるものです。定量的な数値データの場合もありますが，時には◎，○，△などの評価をそれぞれ5，3，1などと数値化することもあります。

　高度な解析としては，多変量解析法に属する主成分分析法などが用いられることもあります。

> **例題** ある劇団が，新人採用にあたってオーディション（志願者の試演イベント）を行ったところ，志願した4人について，審査にあたった審査員の三氏から次のような評価が得られた。最優秀のAを3点，またBを2点，Cを1点，評価に値しないレベルのDを0点として数値化した場合，志願者ごとの評点合計はどのようになるか，数値を解答欄に記入せよ。
>
> 　また，最も採点の甘い審査員，および，最も辛い審査員はだれか，さらに，最も評価のばらつきの大きい審査員，最も評価のばらつきの小さい審査員はだれか。ただし，最高点と最低点をカットするというようなルールはないものとする。

審査員 ＼ 志願者	大川	中川	横川	小川
上田	A	B	A	C
中田	B	C	C	C
下田	B	A	C	D

　それほどむつかしい問題ではないと思います。A～Dをそれぞれ3～1に置き換えてみます。そして，評点の合計を最下欄に記入します。また，それぞれの点数を横に合計して記入します。また，それぞれの審査員の評点のばらつきを範囲（最大－最小）という形で記入してみますと，以下のようになります。

審査員 ＼ 志願者	大川	中川	横川	小川	合計	範囲
上田	3	2	3	1	9	2
中田	2	1	1	1	5	1
下田	2	3	1	0	6	3
評点合計	7	6	5	2		

　なお，縦と横の和はそれぞれ20点となって一致するはずですね。これが験算（検算）にもなっているわけです。

　結果として，志願者の評点合計が最下欄に示されました。また，横に合計した結果，採点の最も甘い審査員は上田審査員，最も辛い審査員は中田審査員，評価ばらつきの大きい審査員は下田審査員，ばらつきの小さい審査員は中田審査員ということになります。

6　アロー・ダイヤグラム法（PERT図法）

　プロジェクトなどを達成するために必要な作業の順序関係や相互関係を矢線で表わすことによって，最適な日程計画を立てたり効率よく進度を管理したりするための手法です。

　アロー・ダイヤグラム法で用いられる記号の意味を説明します。

a）一つの作業の前後に結合点が○で書かれ，その中に結合点番号が表示されます。

b）結合点どうしが矢線で結ばれますが，矢線の出発点が始点，到達点が終点です。実作業を伴う場合に実線で，何もしないが順序などを示すための作業（ダミー作業）を破線あるいは点線で書きます。作業時間が数字で付けられますが，矢線の長さはそれに比例する必要はありません。一般に，仕事の全体の始点と終点が，それぞれ一つずつあります。

c）矢線の順序に作業がなされます。矢線の流れにより，先行作業と後続作業が示されます。

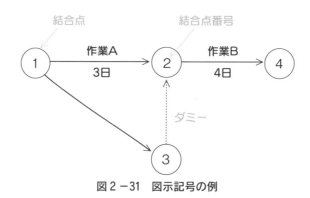

図2−31　図示記号の例

d）同じ時間帯に別な作業をする場合を並行作業といいます。

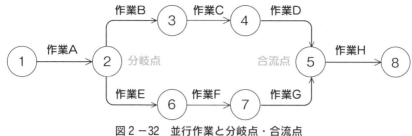

図2－32 並行作業と分岐点・合流点

図において，作業Bと作業Eなどは並行作業です。

e) 二つの結合点を二つの矢線だけで結んではいけないことになっています。

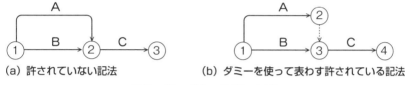

(a) 許されていない記法 　　　(b) ダミーを使って表わす許されている記法

図2－33 ダミーの使い方(1)

f) 並行作業の中で，作業順位の決まっているものの示し方の例として，作業A，B，C，Dのうち，作業Cの前に作業AとBをしておかなければならない時の書き方は次の図のようになります。

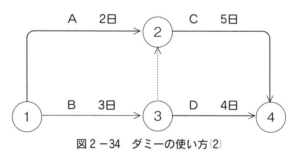

図2－34 ダミーの使い方(2)

この図において，①から④までの最長ルートは①→③→②→④の8日です。このルート内の作業は少しでも遅れると全体の時間に影響してしまいます。このようなルートを**クリティカルパス**（限界的経路）といいます。

g) 同じ作業を一つのアロー・ダイヤグラムの2ヶ所以上に表わしてはいけません。

h) 作業のつながりがループ状になってはいけません。

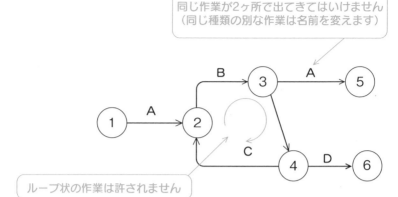

図2−35　許されていない記法

7 PDPC 法

　PDPC 法は Process Decision Program Chart の略で，問題解決や新製品開発などの初めてのプロジェクトの進行過程において，あらかじめ予想される障害などに対する対策を盛り込みながら，望ましい方向に推進する手法です。

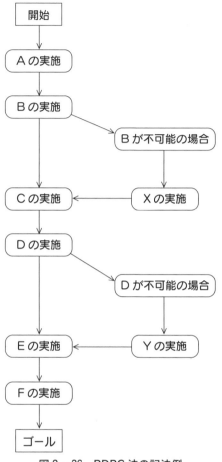

図 2 - 36　PDPC 法の記法例

計画通りに
できなかった時の
ために代案を用意
しておくんだね

この手法は，近藤次郎先生が考えられたもの
らしいです。でも頭文字を取って KJ 法にす
ると，p118 の川喜田二郎先生の方法と同じ
名前になってしまうので，頭文字の名前はあ
きらめたということです。

知識・実力の確認をしましょう。○か×か考えてみて下さい。

（　）問1：QC七つ道具が主に言語データを扱うものであったのに対して，新QC七つ道具のほとんどは数値データを扱うものとなっている。

（　）問2：親和図法とは，KJ法あるいはTKJ法と呼ばれる川喜田二郎博士の方法を新QC七つ道具に取り入れたものである。

（　）問3：図は親和図法の手法でまとめている例となっている。

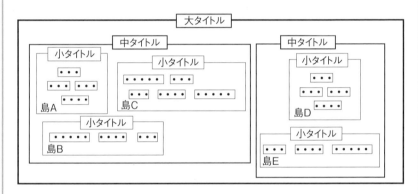

（　）問4：アロー・ダイヤグラムにおいて，二つの結合点を二つの矢線だけで結んではいけないことになっている。

（　）問5：マトリックス図法は，新QC七つ道具の中で数少ない数値データの扱いをする手法である。

● ● ● 正解と解説 ● ● ●

正解　問1：×　問2：○　問3：○　問4：○　問5：×

問1 解説（×）

　　記述は逆ですね。QC七つ道具が主に数値データを扱うものであったのに対して，新QC七つ道具のほとんどは言語データを扱うものとなっています。

問2 解説（○）

　　これは，記述の通りです。TKJ法はトランプKJ法と呼ばれ，昨今では非常に多くの企業や組織などで使われています。

　川喜田先生の本来の方法としては，深い洞察によってそれらのデータの奥に潜む法則や原理などを探し出すためのものだったようですが，現実にこの方法を採用している職場では，グループにおけるデータを皆で知ることや，問題意識を共有化するために行われていることが多いようです。

問3　解説　(○)

　これも，記述の通りですね。これが，典型的な親和図法のまとめ方になっています。作業に参加しなかった人が見ても，わかりやすいですね。

問4　解説　(○)

　やはり，記述の通りですね。自信のない方は，アロー・ダイヤグラムで，許される記法と許されない記法をおさらいしておきましょう。

問5　解説　(×)

　新QC七つ道具の中で数値データの扱いをする手法が少ないことは事実ですが，その手法はマトリックスデータ解析法であって，通常はマトリックス図法ではありません。

問題1　重要度 Ⓐ

　新QC七つ道具に関する次の概念図について，①～⑥のそれぞれに対して適切な名称を選択肢欄から選んでその記号を解答欄に記入せよ。ただし，各選択肢を複数回用いることはない。

①

(1)

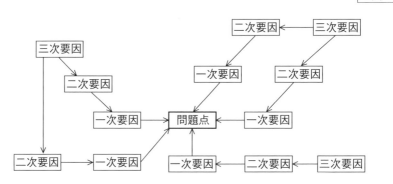

②

(2)

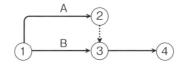

③

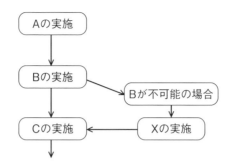

④

要素＼要素	A_1	A_2	A_3	A_4	A_5
B_1					
B_2		○		×	
B_3			◎	×	
B_4	○			△	
B_5	○	◎			△

⑤

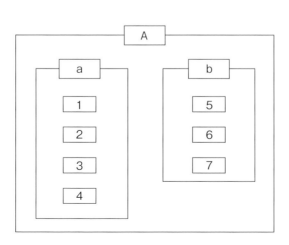

⑥ (6)

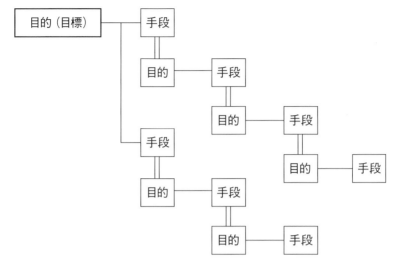

【選択肢】

ア．連関図法	イ．ヒストグラム法	ウ．アロー・ダイヤグラム法
エ．管理図法	オ．PDPC 法	カ．パレート図法
キ．親和図法	ク．系統図法	ケ．マトリックス図法
コ．特性要因図法	サ．散布図法	シ．ブレーンストーミング法

【解答欄】

(1)	(2)	(3)	(4)	(5)	(6)

問題2　重要度 Ⓑ

　新QC七つ道具に関する次の各々の文章において，正しいものには
〇を，正しくないものには×を解答欄に記入せよ。

① 　基本的にQC七つ道具は数量データを扱い，新QC七つ道具は言語データ
を扱う手法になっているが，それぞれ一つずつ例外の手法が含まれている。
QC七つ道具における例外は管理図であり，新QC七つ道具はマトリックス
図法である。　　　　　　　　　　　　　　　　　　　　　　(7)

② 　最適な日程計画を立てたり効率よく進度を管理したりするための手法は
PDPC法である。　　　　　　　　　　　　　　　　　　　　(8)

③ 　マトリックス図法とは，問題に関連して着目すべき要素を，碁盤の目のよ
うな行列図の行と列の項目に並べて，要素と要素の交点において互いの関連
の検討を行うための手法である。　　　　　　　　　　　　　　(9)

④ 　系統図法とは，枝分かれした系統図によって，着眼点をもとに問題を分類
しながら主に論理的に考えてゆくことによって問題を解析したり解決するた
めの案を得たりする手法である。　　　　　　　　　　　　　　(10)

⑤ 　アロー・ダイヤグラム法は，問題解決や新製品開発などの初めてのプロジ
ェクトの進行過程において，あらかじめ予想される障害などに対する対策を
盛り込みながら，望ましい方向に推進する手法である。　　　　(11)

⑥ 　TKJ法とはトランプKJ法のことであり，KJ法とは創始者である川喜田二
郎氏の名を冠した命名となっている。　　　　　　　　　　　　(12)

【解答欄】

(7)	(8)	(9)	(10)	(11)	(12)

問題3

PDPC 法に関する次の文章において，(13)～(17)のそれぞれに対して適切なものを選択肢欄から選んでその記号を解答欄に記入せよ。ただし，各選択肢を複数回用いることはない。

　PDPC 法とは，　(13)　決定計画に関する図を用いる方法であり，　(14)　達成のための実施計画が，想定される　(15)　を回避して　(14)　に至るまでの　(13)　を　(16)　の形にしたものである。問題の最終的な解決までの一連の手段を表わし，　(13)　進行の途中において，予想される　(17)　を事前に想定して適切な対処法を示しつつ作成される。

【選択肢】

ア．プロジェクト	イ．プロセス	ウ．障害
エ．目標	オ．フローシート	カ．リスク
キ．システム	ク．対応	ケ．組織

【解答欄】

(13)	(14)	(15)	(16)	(17)

三上の説

　新QC七つ道具は新しいアイデアを出す場合に有用なものが多いのですが，皆さんは，どのような状態の時に良いアイデアが思い浮かびますか？人によってさまざまでしょう。中国では古来，「三上の説」と呼ばれるものが良いアイデアを生むとされていました。それは次のようなものです。

1）馬上：馬に乗って旅をしている時です。目的地に着くまで何もすることがなく何もできませんが，頭だけは働かせることができますので，いろいろ考えていると良いアイデアが生まれるということです。現代で言えば，さだめし電車に乗っての旅行でしょう。通勤電車では日常性が過ぎて普通は難しいでしょう。「日常性からの解放」が重要ですね。

2）枕上^{ちんじょう}：これは夜寝る時に布団に入って寝付くまでの時間です。すぐ寝付いてしまう人には役に立ちませんが，なかなか眠れない時はむしろ良いアイデアを生む有用な時間にすることもよいかもしれません。

3）厠上^{しじょう}：厠は「かわや」という字です。これは若干「くさい話」ですが，今でいうトイレの中で，特に「大」をする時のことに当たるでしょう。体を動かすことはできませんが，頭はおおいに使えます。精神的に余裕のない場合には難しいですが，そうでなければ頭が活用できる良い時間とも言えるでしょう。

チャレンジ！ 合格

実戦問題 解答と解説

問題1

解答

(1)	(2)	(3)	(4)	(5)	(6)
ア	ウ	オ	ケ	キ	ク

解説

　それぞれの図法としての特徴をそれぞれ把握しておいて下さい。新QC七つ道具については，あまり深く出題されることもありませんが，特徴を理解しておいて下さい。選択肢には，QC七つ道具に属するものやその他のものも混じっていますので，混同されませんようにお願いします。

問題2

解答

(7)	(8)	(9)	(10)	(11)	(12)
×	×	○	○	×	○

解説

① 記述の前半はその通りですね。しかし，例外の例として挙げられているものが誤りです。QC七つ道具における例外は特性要因図で，新QC七つ道具での例外はマトリックスデータ解析法でしたね。

② 最適な日程計画を立てたり効率よく進度を管理したりするための手法は，PDPC法ではなくて，アロー・ダイヤグラム法です。

⑤ 記述の方法は，アロー・ダイヤグラム法のことではなくて，PDPC法のことです。

問題3

解答

⒀	⒁	⒂	⒃	⒄
イ	エ	カ	オ	ウ

解説

　それぞれの　　　　に正解となる用語を入れて，あらためて文章を掲載しますと，次のようになります。

　PDPC法とは，プロセス決定計画に関する図を用いる方法であり，目標達成のための実施計画が，想定されるリスクを回避して目標に至るまでのプロセスをフローシートの形にしたものである。問題の最終的な解決までの一連の手段を表わし，プロセス進行の途中において，予想される障害を事前に想定して適切な対処法を示しつつ作成される。

　PDPC法は，多くの困難や障害が待ち受けているような難しいプロジェクトなどの遂行に寄与する手法といえます。プロジェクトとプロセスの言葉の違いに留意下さい。プロジェクトとは，個々のプロセスを総合した全体の仕事のことを意味します。

さて，いよいよ最後の章を
残すだけになりました。
がんばって下さい

ブレーンストーミング法

　ブレーンとは脳のこと，ストーミングのストームは嵐です。つまり，頭の中に嵐を巻き起こして，これまでにないアイデアを生み出そうという手法で，アメリカのオズボーン博士の提案されたものです。

　方法としては，次の4つの原則を守りながら，あるテーマについて，複数のメンバーが一人につき一回に一件のアイデアを提出していくということです。一巡したらまた先頭に戻っていつまでも出し続けます。だんだんと苦しくなりますが，それでも出し続けることでよい案を得ようとするものです。まずは，質より量を優先して数を出すこと，その中にいいものが少しでも出てくればよしとします。皆さんも一度試してみられてはいかがでしょうか。たとえば，「新聞紙の使い方」というテーマでも数十個のアイデアが出ると思います。

【ブレーンストーミング法の4原則】
①　自由奔放を歓迎
②　他人の案の批判厳禁
③　質より量を重視
④　結合・便乗・改変の歓迎

第3章

品質管理の実践

品質管理は
どうやって
やるのだろう？

1 統計的工程管理

学習ポイント

・管理図の手法と実際
・工程能力指数の考え方
・変更管理と変化点管理

●●● 試験によく出る重要事項 ●●●

1 管理図（シューハート管理図）

　アメリカ・ベル研究所のシューハート博士（Shewhart）の提唱による，工場などの工程における管理手法の一つで，工程での変動を管理するために使います。具体的には，1本の中心線（CL, Center Line）とその上下に合理的に決められた管理限界線（UCL, LCL）からなっています。

　これらの線は，正常な工程状態の時の十分な数のデータ（あるいは，完成試作品のデータなど）をもとに，その平均値と$\pm 3s$（sはデータの標準偏差）の位置に線引きされるものです。限界から外れる前に把握するために，$\pm 2s$の位置に線を追加的に引いて管理することもあります。

　　・上方管理限界線（UCL, Upper Critical Limit）　上の管理限界線です。
　　・下方管理限界線（LCL, Lower Critical Limit）　下の管理限界線です。

（1）管理状態

　工程の状態を示す特性値がプロットされた時，全ての点が上下2本の管理限界線内にあり，点の並び方にクセ（P 143で説明します）がなければ，工程は「管理状態にある」といって正常と判断されます。ただし，$\pm 3s$を外れる確率も0.3%ほどありますので，管理限界線から外れた場合でも，かならずしも管理状態から外れたと決めつけることはできません。

（2）非管理状態

　一方，点が限界線からはみ出した時の多くの場合や，はみ出していなくても点の並び方に「何らかのクセ」が見える場合には，工程は「管理状態にない（つまり，非管理状態の）可能性がある」と考え，異常状態のおそれがあると見て，その原因を調べ必要なら対策をとります。

2 管理における誤り

　表3－1のように，工程が管理状態にあるのに，管理図を見て管理状態から外れたと判断する誤りを**第1種の誤り（あわてものの誤り）**といい，その逆で，管理状態から外れているのに，工程が管理状態にあると判断して何もしない誤りを**第2種の誤り（ぼんやりものの誤り）**ということがあります。

表3－1　工程管理における第1種の誤りと第2種の誤り

判断＼真実	工程が管理状態の場合	工程が非管理状態の場合
工程が非管理状態と判断	第1種の誤り （あわてものの誤り）	正しい判断
工程が管理状態と判断	正しい判断	第2種の誤り （ぼんやりものの誤り）

3 管理図の種類とその内容

　管理図は，一般に工程管理のために用いられる場合に加えて，工程解析のために用いられる場合もあります。

　通常の管理図の横軸には日時がとられ，その一点は複数のデータの代表値となります。その複数のデータは**群**と呼ばれ，データ数を**群の大きさ**と呼びます。縦軸のとり方には多くの種類があり，以下のような名称が与えられていま

す。

a）X 管理図

工程の個々の測定値 x をプロットする管理図です。以前は小文字で x 管理図と呼ばれていました。

b）$\overline{X}-R$ 管理図

最も多く用いられる管理図で，群の大きさが n 個のデータの平均値と範囲の管理を行います。測定値 X の群のデータの平均値 $\overline{X}$ の管理図である $\overline{X}$ 管理図を上側に，その群の範囲 R の管理図である R 管理図を下側に描いた管理図のことです。$\overline{X}$ の動きと R の動きを同時に管理します。

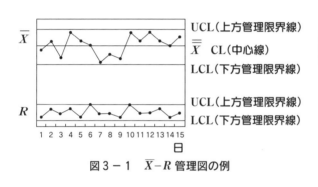

$\overline{X}$ で特性値の値を R でそのばらつきを管理するんだね

図 3 - 1　$\overline{X}-R$ 管理図の例

$\boxed{\text{I）} \overline{X} \text{管理図の管理線}}$　（A_2，D_3，D_4 などは定数で，群の大きさ n による数値表があります）

CL：$\overline{X}$ の平均値である $\overline{\overline{X}}$（エックスダブルバー）

UCL：$\overline{\overline{X}}+A_2\overline{R}$

LCL：$\overline{\overline{X}}-A_2\overline{R}$

$\boxed{\text{II）} R \text{管理図の管理線}}$

CL：$\overline{R}$

UCL：$D_4\overline{R}$

LCL：$D_3\overline{R}$（$n \leqq 6$ の場合には用いられません。）

表3-2 管理図の係数表

大きさ（n）	$\overline{X}$ 管理図	R 管理図	
	A_2	D_3	D_4
2	1.880	−	3.267
3	1.023	−	2.575
4	0.729	−	2.282
5	0.577	−	2.115
6	0.483	−	2.004
7	0.419	0.076	1.924
8	0.373	0.136	1.864
9	0.337	0.184	1.816
10	0.308	0.223	1.777

nが6以下の時は
R管理図には
下限の線が
引かれないんだね

数が少ない時は
ばらつきの下限は
意味があまりないのですね

Ⅲ）管理図の異常あるいはクセの例

次のようなクセがあった場合に，これがあると必ず非管理状態とは限りませんが，工程異常の有無などを検討します。中心線に対して上か下のいずれかに連続して並んだ点の集まりを**連**，その点の数を**連の長さ**と呼んでいます。

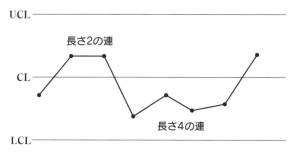

この3本の線のどれ
かをまたぐまでの長
さを連というんだね

図3-2 管理図における連

・限界線から外れている。（これが外れている場合にすべて異常とは判定されません。異常の確率は高いですが，統計的に±3sを外れただけということもまれにはあります。）

・長さ9以上の連が出たら「工程異常」と判定します。（長さ7以上で工程異常と判定する立場もあります。）調査検討が必要なことは勿論です。以下同じです。

・連続6点が単調増加，あるいは，単調減少している場合に工程異常と判定します。（連続7点で判定する立場もあります。）

・局所的には多少の上下があっても，全体として上昇あるいは下降している場合にも「傾向がある」といって工程異常と判定します。

・連続14点が，完全に交互に上下している場合や，週の曜日に相関がありそうな傾向の場合に「周期性がある」といって工程異常と判定します。

・連続3点中の2点が±2sから外れている場合に工程異常と判定します。

・連続5点中の4点，あるいは，連続する8点が±sから外れている場合に工程異常と判定します。

・連続15点が，±s内にある。（これは，測定上の問題がある場合も考えらますが，場合によっては，むしろ工程が安定した「良い異常」とも見られ，管理限界線を新たに引きなおすことなども考えられます。）

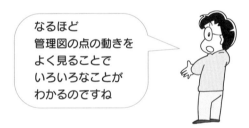

なるほど
管理図の点の動きを
よく見ることで
いろいろなことが
わかるのですね

c）$Me-R$ 管理図：メディアン−R管理図

　$\overline{X}-R$管理図の平均値の代わりに，平均値より素早く求められるメディアンをグラフ化します。近年では電卓が普及していますので，ほとんど用いられていません。

d）X 移動範囲管理図：$X-R$管理図，$X-Rs$管理図

　測定上の理由で，データの大きさnが1である場合などに得られたデータをそのまま用いるケースです。移動範囲（RまたはRs）とは隣り合ったデータの差のことをいいます。グラフは，上側にX管理図を，下側に移動範囲管理図を描きます。

e）np 管理図：不適合品数の管理図

生産個数や検査個数が一定の場合などにおける不適合品数というような計数値の管理図です。

この管理図での管理線は，平均不適合品率を $\bar{p}$ として，次のようになります。

- ・中心線　　　　　　　$\mathrm{CL} = n\bar{p}$
- ・上方管理限界線　　$\mathrm{UCL} = n\bar{p} + 3\sqrt{n\bar{p}\,(1-\bar{p}\,)}$
- ・下方管理限界線　　$\mathrm{LCL} = n\bar{p} - 3\sqrt{n\bar{p}\,(1-\bar{p}\,)}$

ただし，下方管理限界線で LCL の値が負になる場合には，グラフ上に限界線は記載されません。以下の管理図についても同様です。

f）p 管理図：不適合品率の管理図

生産個数や検査個数が一定でない場合などにおける計数値を率にしてグラフ化する管理図です。

同様に，平均不適合品率が $\bar{p}$ の時，管理線は，以下のように求められます。

- ・中心線　　　　　　　$\mathrm{CL} = \bar{p}$
- ・上方管理限界線　　$\mathrm{UCL} = \bar{p} + 3\sqrt{\dfrac{\bar{p}\,(1-\bar{p}\,)}{n}}$
- ・下方管理限界線　　$\mathrm{LCL} = \bar{p} - 3\sqrt{\dfrac{\bar{p}\,(1-\bar{p}\,)}{n}}$

4　工程能力指数

許容限界幅（定められた管理幅）と工程のばらつき幅の比を指数にして評価することがあります。これを**工程能力指数**といい，PCI あるいは C_p と書きます。工程変数（x）の標準偏差を s（サンプルから求めるので，σ でなくて s）とし，$\pm 3s$ に x のほとんどの点（99.7％の点）が入ることを考慮して次式を用います。上限と下限のある両側規格において，その上限を S_U，下限を S_L としますと，

$$C_p = \frac{S_\mathrm{U} - S_\mathrm{L}}{6s}$$

工程能力というものも
統計的な方法で
評価できるものなんですね

　工程能力指数の数値と工程の特性値の分布との関係を図にしてみます。

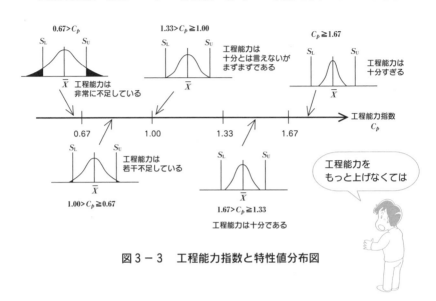

図3－3　工程能力指数と特性値分布図

　この指数は通常1.33以上の場合には工程能力は十分と判断されます。しかし、1より小さい場合は、工程の管理能力が不足していると見られますので改善が必要ですし、0.67より小さい場合には能力が大幅に不足していますので抜本的な改善が必要です。

なお，平均値 $\overline{X}$ が規格の中心と大きく離れている（ずれている）場合には，修正された工程能力指数 C_{pk} を用いることがあります。次に定義します**かたより度 k** を用いて求めます。

$$k = \frac{\left| \dfrac{S_U + S_L}{2} - \overline{X} \right|}{\dfrac{S_U - S_L}{2}} = \frac{\left| (S_U + S_L) - 2\overline{X} \right|}{S_U - S_L}$$

$$C_{pk} = (1 - k)\frac{S_U - S_L}{6s}$$

k を表わす第一式は，分母が規格範囲の半分，分子は規格上下限値の平均とデータの平均との差を意味しています。

工程能力指数 C_{pk} には，平均値に近いほうの規格（上限または下限）を S_N として次のように求める定義もあります。

$$C_{pk} = \frac{\left| S_N - \overline{X} \right|}{3s}$$

特別なケースですが，場合によっては，規格が上限だけ，あるいは，下限だけということ（片側規格）もあります。その場合の工程能力指数は次のように求めます。

a）上限片側規格の場合

$$C_p = \frac{S_U - \overline{X}}{3s}$$

b）下限片側規格の場合

$$C_p = \frac{\overline{X} - S_L}{3s}$$

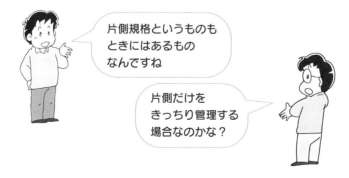

片側規格というものも
ときにはあるもの
なんですね

片側だけを
きっちり管理する
場合なのかな？

5　３Ｈ管理

　次の三つの場合における管理を３Ｈ管理ということがあります。いずれの場合も，予期しないトラブルなどが起きやすいので，そのようなトラブルの影響を最小限にするように細心の注意を必要とするとされています。

①　はじめの管理（初期流動管理）

　新しい設備などのスタートにおいて，当然のことながら経験のないことが起きることが多いので，その中でのトラブルをできるだけ防ぐように，またトラブルが起こっても，その影響を最小限に抑える努力をしましょうということがはじめの管理（初期流動管理）です。

　単に，生産のスタート時点というだけでなく，販売のはじまりや量産の開始など，定常状態から次の状態に移る場合の管理も同様です。このような管理を確実に実施することは，問題の早期発見や解決，あるいは，望ましくない事態の拡大防止にとくに有効です。

②　変更管理

　プロセスに対して何らかの変更を加える際に，予測しなかったトラブルの発生がよくあります。したがって，そのような場合にできるだけ未然にトラブル防止対策を打っておくことが重要です。変更管理とは，工程の変更時における問題点対策ということです。

③　変化点管理

　変更管理と似ているようですが，プロセスにおいて何かが変化したと判断された際に，それによってトラブルが起きないかどうかを十分に管理することをいいます。一般に，外部からの変化や４Ｍ（p 64）に関係する変化などに対して対応をとります。変更管理は自ら変更する際の管理で，変化点管理は変化の原因が他にある際の管理になります。

わたしも広い意味では
一種の変化ですね

はじめ
の管理

変更管理

ぼくらはかなり似ているけど
ちょっとちがうんだよね

ぼくは変化した時の管理で
君は変更した時の管理だよね

変化点
管理

第3章

なにしろ
何かが変わった時に
問題が起こりやすいですね

次のように3Hの管理を
捉える人もいますね
① はじめの管理
② 久しぶりの管理
③ 変更・変化点管理

知識・実力の確認をしましょう。○か×か考えてみて下さい。

( )問1：管理限界線には，上方管理限界線と下方管理限界線とがあり，前者を LCL，後者を UCL と略記する。

( )問2：工程が管理状態にあるのに管理図を見て管理状態から外れたと判断する誤りを第1種の誤り（あわてものの誤り）という。

( )問3：$\overline{X}$ 管理図には必ず上方管理限界線と下方管理限界線とがあるが，R 管理図には上方管理限界線がないことがある。

( )問4：管理図において，長さ9以上の連が出現した場合には，通常工程異常と判定する。

( )問5：工程能力指数は，一般に1.33以上の場合に工程能力が十分であると判断される。

● ● ● 正解と解説 ● ● ●

正解　問1：×　問2：○　問3：×　問4：○　問5：○

問1 解説 （×）

　管理限界線には，上方管理限界線と下方管理限界線とがあることは正しいのですが，上方管理限界線がアッパーの U の UCL で，下方管理限界線がロウアーの L の LCL です。

問2 解説 （○）

　記述の通りです。第1種と第2種の違いを確認しておきましょう。

問3 解説 （×）

　$\overline{X}$ 管理図には必ず上方管理限界線と下方管理限界線とがあることは正しいですが，R 管理図には上方管理限界線は必ずあります。逆に下方管理限界線がないことがあります。群の大きさが6以下の場合にはありません。範囲が大きく外れるおそれは，常にあるのですね。

問4 解説 （○）

　記述の通りです。立場によっては，長さ7以上で工程異常と判定することもあります。

問5 解説 （○）

　工程能力指数の大きさと工程の余力の関係を把握しておきましょう。

実戦問題

問題1

重要度

　管理図においてア．～オ．のような特徴がある場合に，工程管理上もっとも好ましいものはどれか。該当する記号を解答欄に記入せよ。ただし，管理範囲を6等分した6領域において，中心線 CL に最も近い二つの領域を C 域，中心線から最も遠い二つの領域を A 域，それらの間の二つの領域を B 域と呼ぶものとする。

ア．連続して6点が減少している場合

イ．連続する3点の中で，2点が A～C 域のいずれにもない場合

ウ．連続する15点が C 域にある場合

エ．連続する5点の中で，4点が C 域にない場合

オ．連続する9点が中心線の上側にある場合

【解答欄】

(1)

問題2

重要度 Ⓑ

　管理図に関する次の文章において，(2)～(9)のそれぞれに対して適切なものを選択肢欄から選んでその記号を解答欄に記入せよ。ただし，各選択肢を複数回用いることはない。

　管理図とは，連続した 　(2)　 を 　(3)　 の順序あるいは 　(4)　 番号の順序などに従って打点し，　(5)　，下側管理限界線（ 　(6)　 ），上側管理限界線（ 　(7)　 ）を持つ図のことである。

　管理図は，工程の異常を発見し，安定状態（ 　(8)　 ）を維持することや層別によって 　(9)　 点を明確にすること，さらには，　(9)　 効果を確認することなどに利用される。

【選択肢】

ア．中央線	イ．中心線	ウ．下方管理限界線
エ．中央管理限界線	オ．上方管理限界線	カ．観測値
キ．時間	ク．統計的管理状態	ケ．系統的管理状態
コ．サンプル	サ．改善	シ．進歩

【解答欄】

(2)	(3)	(4)	(5)	(6)	(7)	(8)	(9)

なかなか
むつかしいなぁ

問題3

重要度

工程能力に関する次の各々の文章において，　□□□□□□□の中に入るべき適切な語句を選択肢欄より選び，その記号を解答欄に記入せよ。ただし，各選択肢を複数回用いることはない。

工程能力とは，工程がどの程度の品質の製品を　(10)　することができるかという質的な能力のことをいい，工程品質能力ともいわれる。工程能力指数は，その工程がどの程度の　(11)　で品質を実現しうるかという能力を示す指標であり，その工程能力指数を求める時は，その工程として正常な状態，すなわち，　(12)　でなければならない。

【　(10)　～　(12)　の選択肢】

ア．管理状態	イ．非管理状態	ウ．異常
エ．安全	オ．消費	カ．生産
キ．標準	ク．ばらつき	ケ．かたより

工程能力指数という指標は，品質規格が　(13)　になっている場合には，規格の上限値と下限値の差を標準偏差の　(14)　で割って求められる。品質規格に　(15)　がなく，　(16)　だけで管理される場合には，工程能力指数は規格の上限値とサンプルの平均値の差を標準偏差の　(17)　で割って求められる。

【　(13)　～　(17)　の選択肢】

ア．2倍	イ．3倍	ウ．4倍
エ．5倍	オ．6倍	カ．片側規格
キ．両側規格	ク．上限規格	ケ．下限規格

【解答欄】

(10)	(11)	(12)	(13)	(14)	(15)	(16)	(17)

実戦問題 解答と解説

問題1

解答

(1)
ウ

解説

問題における ABC の帯は整理してみますと，次のようになります。ここで，s はサンプルの標準偏差です。

A 域	管理範囲の最上端の領域（$+2s \sim +3s$）
B 域	中間の領域（$+s \sim +2s$）
C 域	中心線のすぐ上の領域（$0 \sim +s$）
C 域	中心線のすぐ下の領域（$-s \sim 0$）
B 域	中間の領域（$-2s \sim -s$）
A 域	管理範囲の最下端の領域（$-3s \sim -2s$）

選択肢をよく読めば，イ．およびエ．はばらつきが大きくなったことが疑われる場合であるとわかります。また，ア．およびオ．はかたよりが疑われる場合ですね。ウ．はばらつきが小さくなった可能性を示すものなので，望ましい状態と言えます。検討して，管理幅を縮小できる可能性があると思われます。

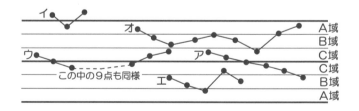

問題で示された管理図の特徴の他に，次のような場合などにも注目して対処します。

・1点が中心線から遠い側のA域の外側にある場合
・連続して6点が増加している場合
・連続して14点が交互に増減している場合

問題2

解答

(2)	(3)	(4)	(5)	(6)	(7)	(8)	(9)
カ	キ	コ	イ	ウ	オ	ク	サ

解説

それぞれの ⬚ に正解となる用語を入れて，あらためて文章を掲載しますと，次のようになります。

> 管理図とは，連続した観測値を時間の順序あるいはサンプル番号の順序などに従って打点し，中心線，下側管理限界線（下方管理限界線），上側管理限界線（上方管理限界線）を持つ図のことである。
> 　管理図は，工程の異常を発見し，安定状態（統計的管理状態）を維持することや層別によって改善点を明確にすること，さらには，改善効果を確認することなどに利用される。

管理図は
工程管理の
有力な武器
なんだね

問題3

解答

(10)	(11)	(12)	(13)	(14)	(15)	(16)	(17)
カ	ク	ア	キ	オ	ケ	ク	イ

解説

工程能力とは，工程がどの程度の品質の製品を生産することができるかとい

う質的な能力のことをいいます。工程品質能力ともいわれます。工程能力指数は，その工程がどの程度のばらつきで品質を実現しうるかという能力を示す指標で，その工程能力指数を求める時は，その工程として正常な状態，つまり，異常のない状態（管理状態）でなければなりません。

　工程能力指数という指標は，品質規格が両側規格になっている場合には，規格の上限値と下限値の差を標準偏差の6倍で割って求められます。品質規格に下限規格がなく，上限規格だけで管理される場合には，工程能力指数は規格の上限値とサンプルの平均値の差を標準偏差の3倍で割って求められます。

　後段の両側か片側かという判断は，上限値と下限値の言葉の位置で判断して下さい。

2 問題および課題の解決

学習ポイント

・問題と課題の違い
・QC ストーリーとは？
・職場における各種の小集団活動

重要度
A

• • ● 試験によく出る重要事項 ● • •

1 問題と課題

　近代的な品質管理においては，事実に基づく管理が基本です。データで事実を示して現状を把握し，原因と結果の関係を調べて，統計的手法を活用して改善方向を検討します。そのような中で**問題**や**課題**を解決していきます。

　問題と課題は，似た言葉として受け取られることもありますが，品質管理においては次のように区別しています。ここでいう「差」は**ギャップ**ともいいます。

a）**問題**：あるべき姿（達成された実績もあり，現状がそうなっているはずの姿，そうなっていなければならない姿）と現状の姿との差

b）**課題**：ありたい姿（まだ達成された実績はないが，そうあることが望ましいという姿）と現状の姿との差

　問題の解決の手順としては一般に check（現状との差の確認）から入りますが，課題の達成手順としては plan（望ましい姿の設定）から入ることが多くなっています。

　なお，問題というもののとらえ方には，「発生する問題（発生した問題）」と「自ら探す問題（自ら作り出す問題）」という立場もあります。否応なく与えられる問題などは前者に属しますし，あるべき姿がはっきりしない場合に自ら問題を認識して設定する問題が後者という見方になります。

問題と課題とは
似たような言葉だけど
微妙に区別されているんだね

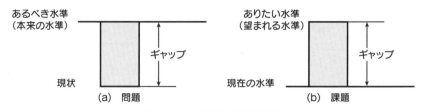

図3-4　問題と課題の比較

問題と課題には
どちらにも
ギャップがあるんだね

2 QCストーリー

　従来から，問題や課題を解決した事例の結果を，他の人にわかりやすく説明するための報告書の構成として**QCストーリー**（品質管理の解決物語）がありました。しかし，これは問題や課題を解決するための標準的な手順でもあることから，最近では，解決や改善のためのアプローチとして「解決手順」や「改善手順」の意味で用いられるようになっています。

　QCストーリーは，問題に関して「問題解決型QCストーリー」，課題について「課題達成型QCストーリー」と呼ばれることがあります。

表3-3　QCストーリーの比較

QCストーリーの分類	問題解決型	課題達成型
目標の設定	既に存在している問題を定量的に把握すること	明確になっていない課題を明確に設定すること
解決のポイント	解決のための要因解析によって問題の原因を追及すること	達成のための手段・方策を立案すること
解決後の進め方	原因に対する対策の立案	達成のための最適策の設計

　問題解決型のQCストーリーでは，問題点の原因を追及して解決してゆくことが基本となります。そのため，手順としては，「現状と本来の姿の差」の認識，すなわち「PDCAのC（確認）」から入ることが一般的です。これに対し

て課題達成型のQCストーリーにおいては，従来の方法では解決できないことが多いものが対象となりますので，まずは「PDCAのP（計画）」から取り掛かることが多く，新しい工夫や知恵を必要とすることになります。

　いずれにしても，これらの問題や課題を解決するための手法として，既に述べてきましたようなQC七つ道具や新QC七つ道具などが大きな武器となります。

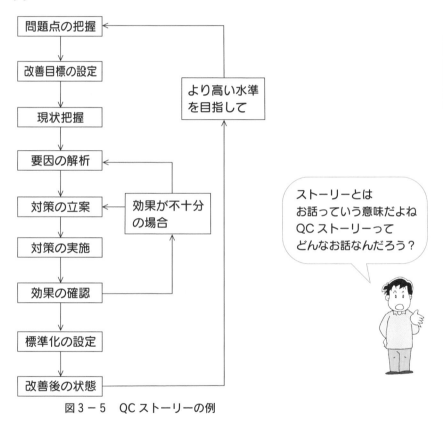

図3－5　QCストーリーの例

③　小集団活動

　職場の第一線で働く人々の中のグループで，QCの基本的知識を活用して継続的に製品やサービスなどの質の管理や改善を行う小グループ（小集団）を**QCサークル**と呼んでいます。この小集団は，運営を自主的に行ってQCの考え方や手法を活用し，創造性を発揮しながら自己啓発や相互啓発をはかり活動

を進めていくことに特徴があります。日本で生まれて発展してきた活動であって，日本製品の高度な品質を作りだした基礎として，世界からも注目を集めています。

　QCサークル活動には多くの形がありますが，その基本理念として主に次のようなものが挙げられています。

　①　各人の能力を発揮して，かつ可能性を最大限に引き出すこと
　②　人間性を尊重して，生きがいある職場にすること
　③　企業の体質改善や発展に寄与すること

　また，QCサークル活動で取り上げられているものとして，有名なものに3Sあるいは5S活動があります。

3S：整理，整頓，清掃
5S：整理，整頓，清掃，清潔，躾

　これらだけで製品の質が向上するわけではありませんが，よい品質の製品を作るための前提として，まずこういう「きちんとした職場」が重要であるという考え方の上に立っています。

　組織としてもこのような活動をバックアップして，援助をしたり，表彰制度を設けたりすることが多くなっています。

第3章

4 職場におけるその他の活動・行動

a）KY 活動

最近世の中では KY は「空気が読めない」とか「漢字が読めない」などの意味で使う例が見られますが，その前からある用語として KY は「危険予知」の頭文字を取った言葉だったのです。もともとは，むしろ「空気が読める」「事前に察知できる」という前向きな意味だったのです。

職場において，訓練を積み重ねて危険を予知することを身につけて安全対策などをする活動を **KY 活動（危険予知活動）** と呼んでいます。また，そのための訓練を **KYT（危険予知訓練）** と言っています。

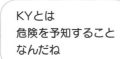

b）指差呼称（しさこしょう，あるいは，ゆびさしこしょう）

危険予知活動の一環として位置づけられるもので，標識，信号，計器，作業対象などを安全確認の意味で，その名前と状態を声に出してそのものを指差しながら確認することをいいます。例えば，道路を横断する際にも，右を差して車が来ないことを確認して「右よし」と声を出し，次に左を差して確認して「左よし」と声を出してから横断するという作業になります。

c）HHK 活動

　HHK とは，「ヒヤリ，ハッと，気がかり」の頭文字です。幸い怪我はしなかったけれどもヒヤリとしたこととか，ハッとしたこととか，気にかかっていることなどを出し合って職場の全員で共通に認識し，必要なものについては対策をとるという活動を **HHK 活動** と言っています。

　ハインリッヒの法則というものがあります。経験的に 1 件の重大な事故や災害の背後には軽微な事故や災害が29件起きていて，ヒヤリ・ハットが300件あったという調査結果からきた法則です。ヒヤリ・ハットの段階でその芽を摘んでおくことで，事故や災害をなくそうという考え方です。

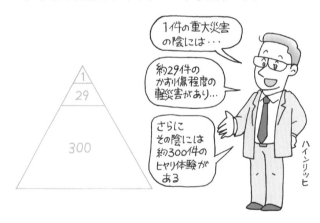

d）ほうれんそう

　これは野菜の名前ではありません。報告の「ほう」と連絡の「れん」，そして，相談の「そう」を合わせたものです。仕事の基本，あるいは，ビジネスマナーとして，上司や同僚とこれらを密に行うことで業務の円滑化が図られると

いうことです。

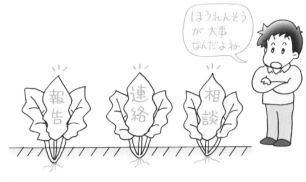

e）三現主義

事実に基づく管理である「事実志向」と共通の考え方ですが，「現場」に出向いて，「現物に触れ」，「現実」を直視するという考え方です。このような立場を**三現主義**と言っています。

f）5ゲン主義

三現主義に加えて，さらに，事象やそれについての認識のもとになる仕組みである「原理」にのっとって，多くの場合に当てはまる基本的な規則である「原則」を作ることを重視する考え方もあります。現場，現物，現実，原理，原則をまとめ（漢字が違いますのでカタカナにして）**5ゲン主義**と言います。

g）3ム

ムダ，ムリ，ムラを合わせて，**3ム**といっています。改善の着眼点として極めて重要でよく用いられる考え方です。

ムダ（無駄）な仕事や資源・エネルギーを減らし，仕事上のムリ（無理）を

なくし，仕事や品質のムラ（ばらつき）をなくしていくことが，改善につなが
るということを意味しています。

h）5W1H

　物事には，基本的に次の6つの側面が必ず存在します。通常はその内の目に
つくところだけを見がちですが，抜けがないようにこの6つを確認すること
が，多くの場面で重要であるということです。第2章の1（p66）でも出てき
たものですね。

① What　（対象）：何を，何について，何のために
② When　（日時）：いつ，いつまでに
③ Who　（人物）：誰が，誰と
④ Where　（場所）：どこで
⑤ Why　（目的）：なぜ，どうして
⑥ How　（方法）：どのように

5W1Hで事実を整理すると
原因追及が
やりやすくなるんだってね

ⅰ）マナー，あるいは，ビジネスマナー

　当たり前とも言えることですが，組織を円滑に運営していくためには，基本
的なルールがあります。これが改善だけでなく日常の仕事の基本ですね。

① 時間を守る
② 挨拶をする
③ 言葉使いに注意する
④ 服装をきちんとする
⑤ 公私のけじめをつける
⑥ 業務をしっかり遂行する意志を持つ

知識・実力の確認をしましょう。○か×か考えてみて下さい。

( ) 問1：問題の解決の手順としては一般に plan から始め，課題の達成手順においては check からスタートすることが多い。

( ) 問2：問題に関する QC ストーリーは一般に「問題解決型 QC ストーリー」，課題に関する QC ストーリーは「課題達成型 QC ストーリー」と呼ばれる。

( ) 問3：QC ストーリーにおいて一応の完成を見た段階においては，次にさらに改善するために再び初めに戻る。

( ) 問4：第一線の職場で働く人々の中で，QC の基本的知識を活用して継続的に製品やサービスなどの質の管理や改善を行う小グループを QC サイクルと呼ぶ。

( ) 問5：整理，整頓，清掃，清潔，躾を5Sと呼んで，小集団活動の基礎とされることが多い。

●●● 正解と解説 ●●●

| 正解 | 問1：× | 問2：○ | 問3：○ | 問4：× | 問5：○ |

問1 解説 （×）

　　記述は逆ですね。問題の解決の手順としては一般に check（現状との差の確認）から入りますが，課題の達成手順としては plan（望ましい姿の設定）から入ることが多くなっています。

問2 解説 （○）

　　問題解決型と課題達成型の違いをよく確認しておいて下さい。

問3 解説 （○）

　　これも記述の通りです。繰り返し改善していきます。それがスパイラルアップということですね。

問4 解説 （×）

　　記述のような小集団は QC サイクルではなくて，QC サークルと呼ばれます。QC サイクルは，改善の手順の中で回されるサイクルを言います。

問5 解説 （○）

　　記述の通りです。5Sの中身はよく確認しておいて下さい。

チャレンジ！ 実戦問題

問題1　重要度 B

　問題と課題に関する次の各々の文章において，正しいものには〇を，正しくないものには×を解答欄に記入せよ。

① 　問題には「発生する問題」と「自ら探す問題」とがあるといわれる。前者は，上司や外部から否応なく与えられる問題であり，後者は自らあるべき姿を設定してつくり出す問題を意味する。一般に前者を「問題」，後者を「課題」と表現することがある。　　　　　　　　　　　　　　　　　(1)

② 　一般に「課題」には原因があり，「問題」には障壁があるとされる。
　　　　　　　　　　　　　　　　　　　　　　　　　　　　　　　　　(2)

③ 　問題も課題も現状と望ましい姿との差であり，課題は現状がそうなっているべき姿との差，問題は目標として達成したい姿との差を意味している。
　　　　　　　　　　　　　　　　　　　　　　　　　　　　　　　　　(3)

④ 　問題の解決にあたっては，まず現状との差の確認をしてその差の原因を追及することから始められ，課題の達成については，望ましい姿の設定から始めるという特徴がある。　　　　　　　　　　　　　　　　　　　　(4)

【解答欄】

(1)	(2)	(3)	(4)

問題2

　工程管理において重要な基礎として，3S，5S，あるいは，4M，5Mということが言われるが，次の記述の(5)〜(8)のそれぞれに対して適切なものを選択肢欄から選んでその記号を解答欄に記入せよ。ただし，各選択肢を複数回用いることはない。

3S：整理，整頓，　(5)

5S：整理，整頓，　(5)　，　(6)　，清潔

4M：人，材料，機械，　(7)

5M：人，材料，機械，　(7)　，　(8)

【選択肢】

　ア．躾　　　　イ．方法　　　ウ．統制
　エ．測定　　　オ．清掃

【解答欄】

(5)	(6)	(7)	(8)

問題3

重要度 **B**

QCストーリーに関する次の文章において，(9)〜(12)のそれぞれに対して適切なものを選択肢欄から選んでその記号を解答欄に記入せよ。ただし，各選択肢を複数回用いることはない。

QCストーリーとは，もとは ⑼ の ⑽ をわかりやすく説明するために工夫された ⑾ の構成そのものであったが，その ⑾ の組立て順序が問題を解決するために行う手順の順序そのものであるとの認識から， ⑼ のための ⑿ として広く用いられるようになったものである。

【選択肢】

　ア．成功事例　　　イ．失敗事例　　　ウ．報告書
　エ．解説書　　　　オ．アプローチ法　　カ．問題解決

【解答欄】

⑼	⑽	⑾	⑿

ううむ
　ううむ
　　ううむ

あいつに良くしてもらったから，恩返しをする

　他人にしてもらったことで恩義を感じてそのお返しをするという行動は，実に人間的なものと思いますね。しかし，その行動ははたして人間だけのものでしょうか。

　実はいくつかの動物でもそういう行動が見られることがあるそうです。例えば，チスイコウモリというコウモリは，哺乳類の血を吸うコウモリということですが，血を三日も吸わないと死んでしまうそうです。それでも種として生き続けられている理由は，多く吸うことのできたコウモリが仲間に分け与えていることによるのだそうです。
　その中で，「あいつはオレに分けてくれなかったから，あいつにはやらない」という行動もあるそうで，一旦仲間外れにされてしまうと栄養失調になってすぐに死んでしまうということです。何かすごい話ですね。

　動物にもあるこういう行動を「互恵関係の行動」というそうですが，人間の経済活動の基礎でもあると思われますね。ｐ18の表１−２の７にも互恵関係が出てきましたね。

第3章

169

実 戦 問 題 解答と解説

問題1

解答

(1)	(2)	(3)	(4)
○	×	×	○

解説

② 記述は逆になっています。外部からやってくる問題には，基本的に問題になった原因があり，自ら設定する課題には，原因というよりも達成を阻害する要因（障壁）があるということになります。

③ これも記述が反対です。問題も課題も現状と望ましい姿との差であることはその通りですが，現状がそうなっているべき姿との差が「問題」であり，目標として達成したい姿との差は「課題」といわれます。

問題2

解答

(5)	(6)	(7)	(8)
オ	ア	イ	エ

解説

正解を入れて，正しくまとめますと，次のようになります。

```
3S：整理，整頓，清掃
5S：整理，整頓，清掃，躾，清潔
4M：人，材料，機械，方法
5M：人，材料，機械，方法，測定
```

問題3

解答

(9)	(10)	(11)	(12)
カ	ア	ウ	オ

解説

　それぞれの　□　に正解となる用語を入れて，あらためて文章を掲載しますと，次のようになります。

> 　QC ストーリーとは，もとは問題解決の成功事例をわかりやすく説明するために工夫された報告書の構成そのものであったが，その報告書の組立て順序が問題を解決するために行う手順の順序そのものであるとの認識から，問題解決のためのアプローチ法として広く用いられるようになったものである。

ぼくの勉強法の3Sは
「調べる」「知る」「攻める」
なんですよ

3 品質の保証

学習ポイント

・品質要求と品質保証
・苦情処理について
・段階別品質保証活動

重要度
B

●●● 試験によく出る重要事項 ●●●

1 品質要求

　品質要求は品質に対する顧客の要求のことですが，一般にそれを把握することが重要であることはいうまでもありませんが，それを正しく把握することはなかなか難しいことも多いのが実情です。

　品質要求には，**顕在的品質要求**と**潜在的品質要求**とがありますが，図面や仕様書などの形で明示される顕在的品質要求は把握しやすい傾向にあります。しかし，一般にすべての品質要求が明示されているわけではありませんので，潜在的品質要求を正確に把握することは難しいものです。アンケートなどによって把握する努力もなされますが，それでもすべてを掴(つか)むことは至難の技(わざ)です。

2 品質保証とは

　品質保証は，QA（Quality Assurance）と略され，文字通り品質を保証することです。損害などを金銭等によって補うことを（保証と同じ発音ですが）補償といいます。

　品質保証には次のような側面があります。

① 　顧客は基本的に生産者（製造者）を信用して商品を買うものです。したがって，生産者は本来顧客に対して品質を保証すべきものです。（市場型商品）

② 　特定顧客にあっては，生産者と顧客との話し合い（契約）で取引されるものがありますが，生産者にはその契約を守る義務があります。（契約型商品）

③ 　JIS に認定されている生産者には，JIS が品質の保証を求めています。

④ 　本来的に品質保証は，企業の社会的責任を果たすための基本条件です。

　いずれにしても，効果的な品質保証を実施するためには，顧客や社会のニー

ズを満足する製品やサービスを提供できるプロセスを確立することが必要です。

私は品質保証の担当です

そうなの？
ちゃんと保証してよね

　第1章の2（p31）で出てきました製造物責任（PL）も品質保証の一環と言えます。PLの予防を**製造物責任予防**（PLP, Product Liability Prevention）ということがあります。ライフサイクルとしての品質保証が重要です。

　品質保証では，基本的に結果を保証しなければなりませんので，製造工程ごとに作業標準書が確立されていて製造工程のプロセスごとに品質保証の考え方を入れる必要がありますし，さらに，製品の一生を通じた，ライフサイクルとしての品質保証が重要です。

　また，QAネットワーク（品質保証網，Quality Assurance Network）とか品質ネットワーク（Product Quality Assurance Network）というものがあります。製品の品質保証を目的に，サービス態勢を整備し何処でも容易に消費者にサービス出来るようにネットワーク（連絡網，組織連携網）を形成したものをいいます。

3　品質保証体系図および QC 工程図（表）

　品質保証においては，製品の設計や開発段階からアフターサービスまでの一連の流れの中で，全ての関係部門が果たすべき役割を明確にすることが必要です。

　製品の設計，開発，製造，検査，出荷，販売，アフターサービス，クレーム処理までの関係各部門に対して，品質保証に関する業務を割り振った図を**品質保証体系図**といっています。

　製品品質が，設計仕様に適合しているかどうかを確認する目的で，製品ごとに材料や部品の供給から完成品として出荷されるまでの工程を図示して，それぞれの工程での管理項目や管理方式について図あるいは表にしたものを**QC工程図（表）**といいます。これを流れ図の形にしたものは，QC フローチャートと呼ばれます。

　これらは組織ごとに工夫されたものですが，これによって製造条件などの管理をどのように実施するのがよいかを一目で把握できるようにしています。なお，製造工程において製品を生産しながら品質管理を行うことを**オンライン管理**と，これに対して，直接製造に関与していないところで管理することを**オフライン管理**と言っています。

図3－6　製造工程

4 　苦情処理

　苦情（Complaint）とは，コンプレインといわれることもありますが，製品あるいは苦情対応プロセスにおいて，組織に対する不満足の表現で，その対応あるいは解決法が明示的または暗示的に期待されているものをいいます。この中で，とくに，修理，取替え，値引き，解約，あるいは，損害賠償などの具体的請求を伴うものを**クレーム**（Claim）と呼ぶこともあります。生産者あるいは販売者の側に具体的に持ち込まれるクレームを**顕在クレーム**，持ち込まれずに顧客の側に留まるクレームを**潜在クレーム**といいます。

　苦情やクレームは，顧客満足に関係する重要な情報ですので，大事にしなければなりません。これらは次のような意味を持っています。

① 使用者（消費者）の不満を解消し，信頼を維持するための応急措置の出発点となります。

② 同種の苦情が再び生じないようにするための重要な手掛かりです。

③ 自らの組織の技術的，組織的不備を知り，顧客の要望を知ることができます。

④ 自らの組織の品質保証システムの不備を知ることができます。

5　段階別品質保証活動

　一般に生産の各段階において品質保証活動が必要です。具体的には次のような各段階における活動が行われます。

a） 市場調査段階（要求品質の把握など）

b） 製品企画段階（マーケットイン型の製品企画，製品企画の評価など）

c） 設計段階（設計審査（DR, Design Review）など）

d） 生産準備段階（工程設計における品質保証，資材管理における品質保証など）

e） 生産段階（製造工程管理による品質保証，設備管理による品質保証，製品検査など）

f） 販売・サービス段階（苦情処理など）

いろいろな段階での品質保証活動があるんだね

6　品質技術の展開

　品質を作り込み，また，保証するために多くの技術が使われます。設計品質を実現する機能が，現状において考えられる仕組みで達成できるかどうかを検討し，**ボトルネック技術**（BNE, Bottleneck Engineering）を抽出することを**技術展開**といいます。ボトルネックとは，びん（ボトル）の狭い口の部分が，中味の自由な出入りを制約していることから，隘路（狭い道，制約条件）のこ

とを意味しています。

① **品質展開**

　要求品質を，品質特性に変換して，製品の設計品質を定め，各々の機能部品や個々の構成部品の品質や工程の要素に展開することをいいます。とくに品質機能に着目した展開を**品質機能展開**（QFD, Quality Function Deployment）といっています。

② **コスト展開**

　目標コストを要求品質や機能に応じて配分することによって，コスト低減やコスト上の問題点を抽出します。

③ **信頼性展開**

　要求品質に対して，信頼性に関する保証項目を明確化します。

④ **業務機能展開**

　品質を形成する業務を階層的に分析して，その機能を明確にします。

7 故障の木解析（FTA, Fault Tree Analysis）

　故障の木解析とは，若干変わった術語ですが，ある項目の下位項目や外部項目，あるいは，これらの組合せからやってくる欠陥（故障）状態が，自身の欠陥に及ぼす影響を木（ツリー）の形で表現する解析手法です。言葉ではややむつかしく感じますが，図3−7のようなものをイメージして下さい。ゲートとは日本語では「関門」というような意味です。論理的な関門なので**論理ゲート**と呼んでいます。

　図3−7において◯◯で示される事象を基本事象といい，▢で示されるものをトップ事象あるいは（より上の事象との間の）中間事象といいます。

（1）ANDゲート：すべての入力事象（図の下位項目など）が起きる時（信頼される時）に出力事象（図のトップ項目）が起きる（信頼される）ゲート。トップ項目の信頼性確率は，入力事象の信頼性確率の積になります。

（2）ORゲート：入力事象のうち，少なくとも一つが起きると（信頼されると）出力事象が起きる（信頼される）ゲート。トップ項目の信頼性確率は，入力事象の信頼性確率の和になります。

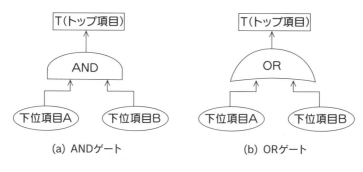

図3－7　2種類の論理ゲート

ANDで結ばれたトップ項目は
下位項目のAとBが両方とも起きた時にはじめて起きるけど
ORで結ばれたトップ項目は
下位項目のAとBのどちらか一方でも起きた時に起きるんだね

第3章

8 故障モードと影響解析
（FMEA, Failure Modes and Effects Analysis）

　種々の故障項目に対して，それらの相互関係に着目して解析し，システム全体の故障を未然防止することを目指します。具体的には，予測される故障，影響の重大性，発生頻度，検知の難易度，検知方法などを検討していくことになります。

トラブルを予防するためには
いろんな影響を
解析しておかなければ
ならないんだね

確認問題

知識・実力の確認をしましょう。○か×か考えてみて下さい。

( ) **問1**：苦情とはコンプレインともいわれ，クレームより狭い概念である。

( ) **問2**：製造物責任はPLとも書かれるが，それを予防することを文字通り製造物責任予防といい，PLLと略記される。

( ) **問3**：潜在クレームは具体的に生産者側にもたらされないクレームであるので，コンプレインと結局同義語となる。

( ) **問4**：クレームによって，生産者側は自らの組織の品質保証システムの不備を知ることができる。

( ) **問5**：設計段階における設計審査はDR（デザイン・レビュー）と呼ばれる。

● ● ● 正解と解説 ● ● ●

正解 問1：× 問2：× 問3：× 問4：○ 問5：○

問1 解説 （×）

苦情がコンプレインと呼ばれることは正しいのですが，クレームの方が苦情の中のとくに具体的な要求を伴うものをいいますので，通常はクレームの方が狭い概念となります。

問2 解説 （×）

製造物責任がPLとも書かれ，それを予防することを製造物責任予防ということは正しいですが，製造物責任予防はプリベンションということでPLPと略記されます。

問3 解説 （×）

コンプレインとは生産者側にもたらされるものであって，具体的要求を伴うクレーム（顕在クレーム）とそうでないものとに分けられますが，潜在クレームは具体的に生産者側にもたらされないクレームですので，コンプレインとは別物です。

問4 解説 （○）

クレームは自分の組織の欠点を見つけてもらえる制度ともいえます。

問5 解説 （○）

設計審査も，よい製品を生み出すためにとても重要です。

実戦問題

問題1
重要度 Ⓐ

品質保証に関する次の文章において，(1)〜(5)のそれぞれに対して適切なものを選択肢欄から選んでその記号を解答欄に記入せよ。ただし，各選択肢を複数回用いることはない。

品質保証については，日本品質管理学会における定義として，「顧客・社会の ⎡(1)⎤ を満たすことを確実にし，確認し，実証するために，組織が行う体系的な活動」とされている。近年では，1970年代初頭に大きく問題となった ⎡(2)⎤ に端を発して，生産者と ⎡(3)⎤ に限らず，第三者を含む社会に迷惑をかけない製品という概念が広く浸透することとなった。つまり，製品の生産，使用，そして，⎡(4)⎤ の段階に至るまでの ⎡(5)⎤ 全体に渡った広い意味での品質保証が重視される時代となっている。

【選択肢】

ア．ライフスタイル	イ．ライフサイクル	ウ．廃棄
エ．シーズ	オ．ニーズ	カ．公害問題
キ．環境問題	ク．消費者	ケ．回収者

【解答欄】

(1)	(2)	(3)	(4)	(5)

問題2

品質保証に関する次の各々の文章において，正しいものには〇を，正しくないものには×を解答欄に記入せよ。

① 品質保証は QA，製造物責任は PL，製造物責任予防は PLP と略される。

(6)

② 品質管理および品質保証のための国際規格は，ISO 14000シリーズである。

(7)

③ 環境マネジメントシステムを QMS と呼ぶのと同様に，品質マネジメントシステムは EMS と呼ばれる。

(8)

④ 市場調査段階，製品企画段階，設計段階，生産準備段階，生産段階，販売・サービス段階などの各段階における品質保証活動をステップ別品質保証活動と呼んでいる。

(9)

【解答欄】

(6)	(7)	(8)	(9)

問題3

顧客対応に関する次の文章において，(10)～(15)のそれぞれに対して適切なものを選択肢欄から選んでその記号を解答欄に記入せよ。ただし，各選択肢を複数回用いることはない。

第3章

苦情，または，　⑩　と呼ばれるものは，製品あるいは苦情対応　⑪　において，組織に対する　⑫　の表現であり，その対応あるいは解決法が明示的または暗示的に期待されているものをいう。とくに，修理，取替え，値引き，解約，あるいは，損害賠償などの具体的請求を伴うものを　⑬　と呼んでいる。生産者あるいは販売者の側に具体的に持ち込まれる　⑬　を　⑭　，持ち込まれずに顧客の側に留まる　⑬　を　⑮　という言い方がされることもある。

【選択肢】

ア．満足 　　　　　　イ．不満足 　　　　　ウ．システム
エ．クレーム 　　　　オ．プロセス 　　　　カ．コンプレイン
キ．潜在クレーム 　　ク．顕在クレーム 　　ケ．アイデア

【解答欄】

⑩	⑪	⑫	⑬	⑭	⑮

「6S活動とは？」

　本書のp160で説明しました活動に3S活動や5S活動がありました。最近では，企業によっては，それにさらに独自の1つを追加して6S活動として展開しているところもあるようです。

　ある企業では「習慣」ということを加えて，5つのSのそれぞれを習慣づけることを目指し，またある企業では，「作法」のSということで，礼儀作法を含む物事の正しいやり方を入れているということです。

　それぞれに自らの独自色を出して，「わが社は，ほかとは違うのです」ということなのでしょう。

わが社は6番目に何を入れようかな

実戦問題 解答と解説

問題1

解答

(1)	(2)	(3)	(4)	(5)
オ	カ	ク	ウ	イ

解説

それぞれの［　　　］に正解となる用語を入れて，あらためて文章を掲載しますと，次のようになります。もう一度お読み下さい。

> 品質保証については，日本品質管理学会における定義として，「顧客・社会のニーズを満たすことを確実にし，確認し，実証するために，組織が行う体系的な活動」とされている。近年では，1970年代初頭に大きく問題となった公害問題に端を発して，生産者と消費者に限らず，第三者を含む社会に迷惑をかけない製品という概念が広く浸透することとなった。つまり，製品の生産，使用，そして，廃棄の段階に至るまでのライフサイクル全体に渡った広い意味での品質保証が重視される時代となっている。

問題2

解答

(6)	(7)	(8)	(9)
○	×	×	○

解説

② 品質管理および品質保証のための国際規格は，ISO 14000シリーズではなくて，ISO 9000シリーズでしたね。

③ この記述は反対ですね。品質マネジメントシステムはQMSで，環境マネジメントシステムがEMSですね。

問題3

解答

(10)	(11)	(12)	(13)	(14)	(15)
カ	オ	イ	エ	ク	キ

解説

　それぞれの ☐ に正解となる用語を入れて，あらためて文章を掲載しますと，次のようになります。コンプレインやクレームについて，その違いを確認しておいて下さい。

　苦情，または，コンプレインと呼ばれるものは，製品あるいは苦情対応プロセスにおいて，組織に対する不満足の表現であり，その対応あるいは解決法が明示的または暗示的に期待されているものをいう。とくに，修理，取替え，値引き，解約，あるいは，損害賠償などの具体的請求を伴うものをクレームと呼んでいる。生産者あるいは販売者の側に具体的に持ち込まれるクレームを顕在クレーム，持ち込まれずに顧客の側に留まるクレームを潜在クレームという言い方がされることもある。

これで本文の学習は終わりです
いかがでしたか？
少しゆっくりされてから
模擬問題で実力を
試してみられてはいかがでしょう

お茶にしますか？ 問題や課題の取り組み方

　私たちが取り組むテーマには，p158の図3－4に示しましたように，問題という性格のものや課題という性格のものなどがあります。

　ここでいう問題とは，もともと実現できていた状態（あるべき水準，本来の水準）が，何らかの原因によって悪化しているところを回復させるというテーマに相当します。そのような場合の取り組み方としては，悪くなった原因の追求をしなければなりません。原因がはっきりすれば対策も立てられ，回復もしやすくなります。その際の原因追究のためには，5W1H（p164）などを手がかりとして事実を集め整理し，事実を矛盾なく説明できるストーリーを（先入観なしに）導くことがポイントとなります。それは，事実を重視して犯人捜しをするという，犯罪捜査における刑事さんの行動とも共通するところがあります。実験事実を重視する科学者の行動とも通ずるところがあります。

　一方，課題というテーマでは，原因探しというより，これまで実現できていなかった水準（ありたい水準，望まれる水準）に向上させるというのですから，これまでわかっていることだけでは到達できません。そこで必要なことは，いかに良いアイデアを生み出せるか，ということになります。良いアイデアさえ出せれば，状態は向上するはずです。それが知恵の出しどころと言ってよいでしょう。アイデア発想のためには，先人が多くの方法を提案してくれています。七つ道具のチェックリスト法や新七つ道具の親和図法（p117）をはじめ，ブレーンストーミング法（p138），（内容の説明は割愛しますが）NM法，希望点列挙法，等価交換法，夢記録法などがあります。

原因を追究すべきか？

良いアイデアを
考えるべきか？

それが問題だ！

第4章

模擬問題と
解答解説

模擬問題の試験時間は
標準として本試験と同じ90分としています。
ただし，初めからこの時間で挑戦されるか
どうかはあなたの自信のほどと相談されるのが
よろしいのではないでしょうか？
少しずつ力をつけていきましょう！

最近のQC検定試験では
はじめのあたりに計算問題が
まとまって出ているようです。
これに，まどわされず，時間のかかる問題を
後回しにして，後半の解きやすいものを
先に片づけるなどの工夫もして下さい

1 模擬問題

【問 1】
　品質に関する次の記述において，(1)～(5)のそれぞれに対して適切なものを選択肢欄から選んでその記号を解答欄に記入せよ。ただし，各選択肢を複数回用いることはない。

　　(1)　とは，ねらった品質，あるいは，ねらいの品質ともいわれ，品質特性に対する品質目標のことである。　(1)　を定めるために，顧客の　(2)　を　(1)　に変換することが重要である。　(3)　が責任をになうものとなる。
　　(4)　とは，できばえ品質，合致品質，あるいは，適合品質などともいわれ，　(1)　をねらって製造した製品の実際の品質のことである。　(5)　が責任を負うものとなる。

【選択肢】
　ア．製品設計部門　　　イ．製造部門　　　ウ．品質管理
　エ．要求品質　　　　　オ．製造品質　　　カ．設計品質

【解答欄】

(1)	(2)	(3)	(4)	(5)

【問 2】
　品質管理に関する基本的な考え方についての次の文章において，(6)～(10)のそれぞれに対して適切なものを選択肢欄から選んでその記号を解答欄に記入せよ。ただし，各選択肢を複数回用いることはない。

　品質管理に関する問題解決において，手当たり次第に取り組むことや，容易にできるところから取り組むという考え方では　(6)　な解決は望めない。困難に見えるものも含めて影響の大きい問題について優先的に取り組むことを　(7)　といっている。製品の品質は，有用性，　(8)　，信頼性などの視点から　(9)　に評価することが必要で，これらの評価は常に　(10)　の立場に立って行われなければならない。

【選択肢】

ア．消費者	イ．管理者	ウ．生産者
エ．根本的	オ．科学的	カ．表面的
キ．安全性	ク．確実性	ケ．健全性
コ．効率指向	サ．重点指向	シ．総花指向

【解答欄】

(6)	(7)	(8)	(9)	(10)

【問　3】

品質管理に関する考え方についての次の文章において，もっとも関連の深い用語を選択肢欄から選んでその記号を解答欄に記入せよ。ただし，各選択肢を複数回用いることはない。

① 実施する際に発生すると考えられる問題を，あらかじめ計画段階でリストアップして，それに対する対策を講じておくという考え方　⎡(11)⎤

② 原価低減や能率向上，あるいは，売上増大という数値的なことよりも，品質の向上を最優先していこうという考え方　⎡(12)⎤

③ 問題が発生した際にその仕事の仕組みやプロセスにおける原因を調査検討し，その原因を取り除くことによって，次に同種の問題が起こらないようにするという考え方　⎡(13)⎤

④ 結果のみを求めるのではなく，結果を生みだす仕事の仕方や仕組みに着目して，これを管理することで水準を向上させるべきであるという考え方
⎡(14)⎤

【選択肢】

ア．未然防止	イ．先手必勝	ウ．品質第一
エ．再発防止	オ．結果指向	カ．プロセス重視
キ．総花指向	ク．科学指向	ケ．未来指向

【解答欄】

(11)	(12)	(13)	(14)

【問　4】

次に示す①〜③の規格は，産業標準化規格の分類において，どのように分類されるか。それぞれに対して適切なものを選択肢欄から選んでその記号を解答欄に記入せよ。ただし，各選択肢を複数回用いることはない。

①　多くの製品に関する規格　　　　　　　　　　　　　　⑮

②　用語や記号などの規格　　　　　　　　　　　　　　　⑯

③　試験方法や検査・分析の規格　　　　　　　　　　　　⑰

【選択肢】

ア．基本規格　　　イ．製品規格　　　ウ．標準規格

エ．方法規格　　　オ．相互規格　　　カ．目的規格

【解答欄】

⑮	⑯	⑰

【問　5】

標準に関する次の文章において，(18)〜(22)のそれぞれに対して適切なものを選択肢欄から選んでその記号を解答欄に記入せよ。ただし，各選択肢を複数回用いることはない。

標準に記載されている規定された数値を ⑱ という。それが規格による場合には ⑲ ということがある。⑱ は ⑳ と ⑳ からの幅としての ㉑ からなるが，上限や下限などの形で表現される場合には ㉒ と呼ばれる。

【選択肢】

ア．作業値　　　イ．規格値　　　ウ．緩和値

エ．閾値　　　　オ．基準値　　　カ．許容限界値

キ．標準値　　　ク．許容差　　　ケ．平均値

【解答欄】

⑱	⑲	⑳	㉑	㉒

【問　6】

　統計データの扱いに関する次の文章において，(23)～(29)のそれぞれに対して適切なものを選択肢欄から選んでその記号を解答欄に記入せよ。ただし，各選択肢を複数回用いることはない。

　ある製品ロットより大きさが　⑳　のサンプルを採って計測したところ，次のような結果が得られた。

$$1.5, \ 1.0, \ 2.5, \ 3.0, \ 2.5$$

　このデータの平均値は　㉔　，データの自由度は　㉕　，偏差平方和は 2.70，不偏分散は　㉖　，標準偏差は　㉗　である。また，範囲は　㉘　となる。このデータを小数第二位までの値として標準化すると

$$-0.73, \ -1.34, \ 0.49, \ 1.10, \ \boxed{㉙}$$

となる。

【選択肢】

ア．0.333	イ．0.456	ウ．0.49	エ．0.579	オ．0.675
カ．0.822	キ．0.925	ク．2	ケ．2.0	コ．2.1
サ．2.10	シ．4	ス．4.0	セ．5	ソ．5.0

【解答欄】

㉓	㉔	㉕	㉖	㉗	㉘	㉙

【問　7】

　データに関する次の各々の文章において，計量値には R を，計数値には S を解答欄に記入せよ。

① 製品の重量　　　　　　　　　　　　　　　　　　　　　㉚

② 資格試験の受験者数　　　　　　　　　　　　　　　　　㉛

③ 毎日の正午における気圧の数値　　　　　　　　　　　　㉜

④ 不良品の個数　　　　　　　　　　　　　　　　　　　　㉝

⑤ 製品のキズの箇所　　　　　　　　　　　　　　　　　　㉞

⑥ 毎日の欠席者数　　　　　　　　　　　　　　　　　　　㉟

⑦　毎朝の潮位　　　　　　　　　　　　　　　　　　　　　⟨36⟩

【解答欄】

⟨30⟩	⟨31⟩	⟨32⟩	⟨33⟩	⟨34⟩	⟨35⟩	⟨36⟩

【問　8】

　　QC の七つ道具に属する次の手法・手段について，①〜⑦のそれぞれ に対して適切なものを選択肢欄から選んでその記号を解答欄に記入せ よ。ただし，各選択肢を複数回用いることはない。

①　データを要因ごとに分けて整理したもの　　　　　　　⟨37⟩
②　2つの変量の間の関係を把握しやすくするために，座標軸上のグラフとし てプロットしたもの　　　　　　　　　　　　　　　　　⟨38⟩
③　現象の発生頻度を，その分類項目別に整理して，頻度の大きい順に棒グラ フにし，その累積の度数を折れ線グラフにしたもの　　　⟨39⟩
④　管理に必要な項目や図などがあらかじめ印刷されていて，テスト記録，検 査結果等が，簡単なマークを付けることで確認あるいは記録ができるように なっている用紙　　　　　　　　　　　　　　　　　　　⟨40⟩
⑤　特性に対してその発生の要因と考えられる事項とを矢印で結んで図示した もの　　　　　　　　　　　　　　　　　　　　　　　　⟨41⟩
⑥　工程などを管理するために用いられる折れ線グラフ　　⟨42⟩
⑦　数量データの分布を示した柱状グラフ　　　　　　　　⟨43⟩

【選択肢】

　　ア．パレート図　　　イ．チェックシート　　ウ．系統図法
　　エ．ヒストグラム　　オ．管理図　　　　　　カ．特性要因図
　　キ．層別　　　　　　ク．親和図法　　　　　ケ．PDPC 法
　　コ．散布図　　　　　サ．グラフ　　　　　　シ．ブレーンストーミング

【解答欄】

⟨37⟩	⟨38⟩	⟨39⟩	⟨40⟩	⟨41⟩	⟨42⟩	⟨43⟩

【問 9】

　図は，ある製造工場におけるある工程の不適合原因を調べてヒストグラムにまとめたものである。 (44) ～ (48) の欄に入るべき適切なものを選択肢より選べ。ただし， (44) および (45) には単位を示すものが入るものとする。また，同一の選択肢を複数回用いることはないこととする。

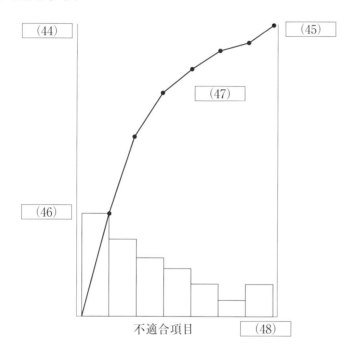

不適合項目　 (48)

【選択肢】

ア．%　　イ．‰　　ウ．℃　　エ．kg　　オ．m　　カ．度数
キ．適合項目　ク．不適合項目　ケ．最大度数　コ．最大頻度
サ．その他の項目　シ．適合数　ス．不適合数　セ．累積度数百分率

【解答欄】

(44)	(45)	(46)	(47)	(48)

【問 10】

二項分布に関する次の文章の(49)〜(55)に入るべき最も適切なものを，選択肢より選んで，その記号を解答欄に記入せよ。ただし，同一の選択肢を複数回用いることもあるものとする。

二項分布は，投げた硬貨の表裏の出る確率のように2つの事象しかない時の確率分布である。2つの事象の確率を s および t とすると，$s+t=$ (49) であるから，その試行を n 回繰返した時に，s が x 回，t が y 回起こる確率は，次式のようになる。（$x+y=$ (50) ）

$$\boxed{(51)}\; s^x t^y = \boxed{(51)}\; s^x (1-s)^{n-x}$$

汚れや欠損のない硬貨を無作為に投げて，表が上を向くか，裏が上を向くかを判定する場合，表の出る確率は (52) であり，裏の出る確率は (53) である。その硬貨を5回投げて5回とも表が出る確率は (54) であり，5回のうち1回だけ表が出る確率は (55) である。

【選択肢】

ア．$_nP_x$	イ．$_nC_x$	ウ．n	エ．$2n$	オ．$3n$
カ．0.1	キ．0.25	ク．0.5	ケ．0.5^2	コ．0.5^3
サ．0.5^4	シ．0.5^5	ス．0.75	セ．0.8	ソ．1.0
タ．5×0.5^2	チ．5×0.5^3	ツ．5×0.5^4	テ．5×0.5^5	ト．5×0.5^6

【解答欄】

(49)	(50)	(51)	(52)	(53)	(54)	(55)

【問 11】

新QC七つ道具の各方法について述べた次の文章において，①〜⑦のそれぞれに対して適切なものを選択肢欄から選んでその記号を解答欄に記入せよ。ただし，各選択肢を複数回用いることはない。

① 多くの段階のある日程計画を効率的に立案し進度を管理することのできる矢線図で示される。　(56)

② 目的や目標を達成するために必要な手段や方策を系統的に展開して整理する手法である。　(57)

③ 複数で複雑な因果関係のある事象について，それらの関係を論理的に矢印

でつないで整理する手法である。 $\boxed{58}$

④ 困難な課題解決の進行過程において，あらかじめ考えられる問題を予測して対策を立案し，その進行を望ましい方向に導く手法である。 $\boxed{59}$

⑤ 多くの言語データを，それらの間の親和性によって整理する手法で，別名KJ法とも呼ばれる。 $\boxed{60}$

⑥ 二次元や多次元に分類された項目の要素の間の関係を，系統的に検討して問題解決の糸口を得る手法である。 $\boxed{61}$

⑦ 数値化できるマトリックス図において，その数値を加工し解析して見通しをよくして問題解決に至る手法である。 $\boxed{62}$

【選択肢】

ア．PDPC 法　　　　　　　　　イ．アロー・ダイヤグラム法

ウ．マトリックスデータ解析法　　エ．特性要因図法

オ．系統図法　　　　　　　　　カ．親和図法

キ．管理図法　　　　　　　　　ク．連関図法

ケ．マトリックス図法　　　　　　コ．散布図法

【解答欄】

(56)	(57)	(58)	(59)	(60)	(61)	(62)

【問 12】

A社において，ある製品の製造条件 x が製品の品質特性 y に与える影響を調べるために，次のようなデータを得た。

No.	1	2	3	4	5	6	7	8	9	10
x	9.4	9.7	8.9	9.6	9.9	9.5	9.9	10.5	9.6	10.3
y	7.1	7.8	6.8	7.5	8.1	7.0	8.1	8.7	7.3	8.5

変量 x および y の相関関係を検討する過程で，次の計算結果を得た。

$$\sum_{i=1}^{10} x_i = 97.3 \qquad \sum_{i=1}^{10} y_i = 76.9$$

$$\sum_{i=1}^{10} x_i^2 = 948.59 \qquad \sum_{i=1}^{10} y_i^2 = 595.19$$

$$\sum_{i=1}^{10} x_i y_i = 750.78$$

これらをもとに，次のデータを求めて，選択肢欄より最も近い数値を選べ。

平均値　　　：$\bar{x} =$ ⑥③　　　　　　$\bar{y} =$ ⑥④

偏差平方和：$S_{xx} =$ ⑥⑤　　　　$S_{yy} =$ ⑥⑥

偏差積和　：$S_{xy} =$ ⑥⑦

相関係数　：$r =$ ⑥⑧

【選択肢】

ア．0.15	イ．0.27	ウ．0.36	エ．0.49	オ．0.67
カ．0.83	キ．0.95	ク．1.25	ケ．1.86	コ．2.54
サ．2.87	シ．3.83	ス．4.55	セ．5.6	ソ．6.7
タ．7.7	チ．8.2	ツ．8.8	テ．9.4	ト．9.7

【解答欄】

⑥③	⑥④	⑥⑤	⑥⑥	⑥⑦	⑥⑧

【問 13】

マトリックス図法によって求められた次の検討結果を，マトリックスデータ解析法を用いて解析したい。◎，○，△，×に，それぞれ，3点，2点，1点，0点を配する場合に，$A_1 \sim A_5$ にはそれぞれ合計してどれだけの点が配点されるか，適切なものを選択肢欄から選んでその記号を解答欄に記入せよ。ただし，各選択肢を複数回用いることがありうる。

要素＼要素	A_1	A_2	A_3	A_4	A_5
B_1	△	△	×	○	△
B_2	○	○	×	×	×
B_3	△	◎	◎	×	◎
B_4	○	○	○	△	○
B_5	○	◎	◎	△	△

A₁：　(69)　　A₂：　(70)　　A₃：　(71)　　A₄：　(72)　　A₅：　(73)

【選択肢】

| ア．4 | イ．5 | ウ．6 | エ．7 | オ．8 |
| カ．9 | キ．10 | ク．11 | ケ．12 | コ．13 |

【解答欄】

(69)	(70)	(71)	(72)	(73)

【問 14】

　製品等の検査に関する次の文章において，□□□の中に入るべき適切な語句を選択肢欄より選び，その記号を解答欄に記入せよ。

　検査が行われる段階はさまざまであるが，原材料などのロットを受け入れてよいかどうかを判定するために行うものが　(74)　である。また，半製品をある工程から次工程に移してよいかどうかを判定するために行うのが　(75)　であり，完成した段階の品物が製品として要求事項を満たしているかどうかを判定するために行うのが，　(76)　である。

　工程の能力が不十分な場合や少数の不適合品でも見逃すと重大な結果となるおそれのある場合には，　(77)　を行う必要がある。十分な工程能力があって不適合品がほとんどないことが確実とみられる場合には，一般に　(78)　が行われる。検査において，人の感性や感覚に基づくものを　(79)　と言っている。

【選択肢】

ア．官能検査	イ．破壊検査	ウ．非破壊検査
エ．全数検査	オ．半数検査	カ．工程間検査
キ．受入検査	ク．抜取検査	ケ．設備検査
コ．最終検査	サ．耐久性検査	シ．一体検査

【解答欄】

(74)	(75)	(76)	(77)	(78)	(79)

第4章

【問 15】

　管理図に関する次の各々の文章において，正しいものには○を，正しくないものには×を解答欄に記入せよ。

① 一般に管理図は，工程の現状を把握するために用いられる。　⸨80⸩

② $\overline{X}-R$ 管理図は $\overline{X}$ 管理図と R 管理図とからなるが，$\overline{X}$ 管理図では群内変動を把握することができ，R 管理図からは群間変動を見ることができる。
　⸨81⸩

③ R 管理図においては，上方管理限界線は必ず必要であるが，下方管理限界線は必要のない場合がある。　⸨82⸩

④ 管理図において，プロットされた点が管理限界線を越えた場合には，必ず異常が発生しているとみなければならない。　⸨83⸩

⑤ R 管理図において下方管理限界線より下側に打点されるようになったとしても，ばらつきが減ったことを意味するので，その原因を調べる必要はない。　⸨84⸩

【解答欄】

⸨80⸩	⸨81⸩	⸨82⸩	⸨83⸩	⸨84⸩

【問 16】

　職場における小集団活動に関する次の各々の文章において，正しいものには○を，正しくないものには×を解答欄に記入せよ。

① 小集団活動の発表会においては，企業のトップや職場の上司ができるかぎり出席して，苦労をねぎらい，活動の成果を評価することが，その後の小集団活動の活性化に寄与する。　⸨85⸩

② 職場における小集団活動は活動の自主性が重要であるので，職場の管理者は小集団活動への指導を行うべきではない。　⸨86⸩

③ 小集団活動を推進していくことはなかなかたいへんである。したがって，常に一番のベテランをリーダーとすべきである。　⸨87⸩

④ 品質管理を中心とした職場における小集団活動は，一般に QC サークル活動と呼ばれる。　⸨88⸩

⑤ 小集団活動が実施して成果を上げた事例を発表する際には，QC ストーリ

ーのスタイルで説明するとわかりやすくなる。 (89)

⑥ QCサークル活動は，当初は生産現場において始まったものではあるが，その後事務部門などの間接部門やサービス部門などにも広がっている。 (90)

【解答欄】

(85)	(86)	(87)	(88)	(89)	(90)

【問 17】

職場の管理の前提として重要である次の事項を何と呼ぶか。①〜⑤のそれぞれに対して適切なものを選択肢欄から選んでその記号を解答欄に記入せよ。ただし，各選択肢を複数回用いることはない。

① 必要なものと必要でないものとにはっきり区分して，必要でないものを片づけること (91)

② 仕事において生じたごみやほこりなどを常に掃除をし，片づけて職場を清潔に保つこと (92)

③ 定められたものを定められた位置に置き，すぐに取り出せるようにものの置き方を定め，それを実行すること (93)

④ 定められたことを定められた通りに確実に守り，身についた習慣として徹底すること (94)

⑤ 整理・整頓・清掃を維持して，衣服や装置に汚れやキズがないようにすること (95)

【選択肢】

ア．整頓　　イ．整理　　ウ．清掃　　エ．監督　　オ．改善
カ．躾　　　キ．模範　　ク．管理　　ケ．習慣　　コ．清潔

【解答欄】

(91)	(92)	(93)	(94)	(95)

【問 18】

品質に関する次の記述において，(96)～(100)のそれぞれに対して適切なものを選択肢欄から選んでその記号を解答欄に記入せよ。ただし，各選択肢を複数回用いることはない。

品質保証は，アルファベットでは ┃ 96 ┃ と略され，文字通り品質を保証することであり，品質保証には次のような側面がある。

1）客は店舗等において，基本的に ┃ 97 ┃ を信用して商品を買うものであるので， ┃ 97 ┃ は本来顧客に対して品質を保証すべきものである。この意味からこの種の商品は ┃ 98 ┃ と言われる。

2）特定顧客にあっては， ┃ 97 ┃ と顧客との話し合い（契約）で取引されるものがあるが， ┃ 97 ┃ にはその契約を守る義務がある。この側面からこの種の商品は ┃ 99 ┃ と呼ばれる。

3）JIS に認定されている ┃ 97 ┃ には，JIS が品質の保証を求めている。

4）本来的に品質保証は，企業の ┃ 100 ┃ を果たすための基本条件である。

【選択肢】

ア．生産者（製造者）　　イ．消費者（購入者）　　ウ．分解者
エ．QA　　　　　　　　 オ．QB　　　　　　　　 カ．QC
キ．市場型商品　　　　　ク．契約型商品　　　　　ケ．人道的責任
コ．社会的責任　　　　　サ．法律的責任　　　　　シ．形式的責任

【解答欄】

(96)	(97)	(98)	(99)	(100)

模擬試験は以上です
おつかれさまでした
少し休まれてから
採点してみましょうか

わからなかったところがあれば
解説や本文を復習してみて下さい

2 模擬問題の解答

【問1】

(1)	(2)	(3)	(4)	(5)
カ	エ	ア	オ	イ

【問2】

(6)	(7)	(8)	(9)	(10)
エ	サ	キ	オ	ア

【問3】

(11)	(12)	(13)	(14)
ア	ウ	エ	カ

【問4】

(15)	(16)	(17)
イ	ア	エ

【問5】

(18)	(19)	(20)	(21)	(22)
キ	イ	オ	ク	カ

【問6】

(23)	(24)	(25)	(26)	(27)	(28)	(29)
セ	サ	シ	オ	カ	ケ	ウ

【問7】

(30)	(31)	(32)	(33)	(34)	(35)	(36)
R	S	R	S	S	S	R

【問8】

(37)	(38)	(39)	(40)	(41)	(42)	(43)
キ	コ	ア	イ	カ	オ	エ

【問9】

(44)	(45)	(46)	(47)	(48)
カ	ア	ス	セ	サ

【問10】

(49)	(50)	(51)	(52)	(53)	(54)	(55)
ソ	ウ	イ	ク	ク	シ	テ

【問 11】

(56)	(57)	(58)	(59)	(60)	(61)	(62)
イ	オ	ク	ア	カ	ケ	ウ

【問 12】

(63)	(64)	(65)	(66)	(67)	(68)
ト	タ	ケ	シ	コ	キ

【問 13】

(69)	(70)	(71)	(72)	(73)
オ	ク	オ	ア	エ

【問 14】

(74)	(75)	(76)	(77)	(78)	(79)
キ	カ	コ	エ	ク	ア

【問 15】

(80)	(81)	(82)	(83)	(84)
○	×	○	×	×

【問 16】

(85)	(86)	(87)	(88)	(89)	(90)
○	×	×	○	○	○

【問 17】

(91)	(92)	(93)	(94)	(95)
イ	ウ	ア	カ	コ

【問 18】

(96)	(97)	(98)	(99)	(100)
エ	ア	キ	ク	コ

第4章

結果はいかがでしたか

3 模擬問題の解説

【問 1】

解答

(1)	(2)	(3)	(4)	(5)
カ	エ	ア	オ	イ

解説

正解を入れて，あらためて文章を掲載しますと，次のようになります。

> 設計品質とは，ねらった品質，あるいは，ねらいの品質ともいわれ，品質特性に対する品質目標のことである。設計品質を定めるために，顧客の要求品質を設計品質に変換することが重要である。製品設計部門が責任をになうものとなる。
>
> 製造品質とは，できばえ品質，合致品質，あるいは，適合品質などともいわれ，設計品質をねらって製造した製品の実際の品質のことである。製造部門が責任を負うものとなる。

【問 2】

解答

(6)	(7)	(8)	(9)	(10)
エ	サ	キ	オ	ア

解説

それぞれの　　　　　に正解となる用語を入れて，あらためて文章を掲載しますと，次のようになります。

　品質管理に関する問題解決において，手当たり次第に取り組むことや，容易にできるところから取り組むという考え方では根本的な解決は望めない。困難に見えるものも含めて影響の大きい問題について優先的に取り組むことを重点指向といっている。製品の品質は，有用性，安全性，信頼性などの視点から科学的に評価することが必要で，これらの評価は常に消費者の立場に立って行われなければならない。

【問 3】

解答

(11)	(12)	(13)	(14)
ア	ウ	エ	カ

解説

品質管理に関係する考え方の内容を整理しておきましょう。

【問 4】

解答

(15)	(16)	(17)
イ	ア	エ

解説

　産業標準化の規格には，どのような分類があったのかについておさらいしておかれるとよいでしょう（p 53）。

【問 5】

解答

(18)	(19)	(20)	(21)	(22)
キ	イ	オ	ク	カ

第4章

解説

　それぞれの　□　に正解となる用語を入れて，あらためて文章を掲載しますと，次のようになります。図とともにご覧下さい。

> 　標準に記載されている規定された数値を標準値という。それが規格による場合には規格値ということがある。標準値は基準値と基準値からの幅としての許容差からなるが，上限や下限などの形で表現される場合には許容限界値と呼ばれる。

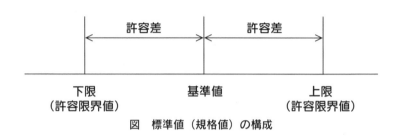

図　標準値（規格値）の構成

【問　6】

解答

⑳	㉔	㉕	㉖	㉗	㉘	㉙
セ	サ	シ	オ	カ	ケ	ウ

解説

　若干の計算が必要な問題ですね。

　まず㉓ですが，データの大きさとはデータの数のことですので，数えて5とします。ソ．に5.0という選択肢がありますが，データの数は整数でなければなりませんので5.0を選んではいけません。

　㉔の平均値はデータを足し算すればよいのですが，電卓でも手計算でもかまいません。2.5が二つで5.0，それに3.0と1.0で9.0，これに1.5を足せば，合計が10.5となります。これを5で割るのですから，2.1と出ます。ただし，ここで選択肢に2.10と2.1とがあります。通常はデータより詳しくするという原則（平均値は，データ数が20個くらいまでの場合には，測定値の1桁下の桁まで求めることが普通です）から，2.10を選びます。

　㉕の自由度は，データ数から1を引いたものですね。偏差平方和が与えられていますので，これを自由度4で割って㉖の不偏分散を求めます。その平方根を求めて㉗の標準偏差とします。平方根の計算は電卓を用いてよいのですが，0.675の平方根ということで，（2乗して0.675になりそうなものとして）選択肢の中の0.822を選びます。

　㉘の範囲は最大データの3.0から最小の1.0を引きますが，これは，有効数字がデータと同じでよいので，2ではなくて2.0を選びます。

　最後の㉙については，標準化が「平均値を引いて標準偏差で割った値」ということですので，そのような計算をすればよいのですが，よく見ますとデータの中の3番目のものと同じ値のはずですので，標準化データも二つ前のものをそのまま用いればよいことになります。

　以上の結果，それぞれの　　　　　に正解となる数値を入れて再掲しますと，次のようになります。用語と数字の意味を再確認下さい。

第4章

　　ある製品ロットより大きさが5のサンプルを採って計測したところ，次のような結果が得られた。

$$1.5,\ 1.0,\ 2.5,\ 3.0,\ 2.5$$

　　このデータの平均値は2.10，データの自由度は4，偏差平方和は2.70，不偏分散は0.675，標準偏差は0.822である。また，範囲は2.0となる。このデータを小数第二位までの値として標準化すると

$$-0.73,\ -1.34,\ 0.49,\ 1.10,\ 0.49$$

となる。

ロットという言葉は
よく耳にするけど
同じ条件で作られた
製品ということなんだね

【問 7 】

解答

(30)	(31)	(32)	(33)	(34)	(35)	(36)
R	S	R	S	S	S	R

解説

　計量値と計数値の違いを把握しておいて下さい。

【問 8 】

解答

(37)	(38)	(39)	(40)	(41)	(42)	(43)
キ	コ	ア	イ	カ	オ	エ

解説

　それぞれの手法の名称に自信のない場合には，本文を参照していただき確認をお願いします。非常に出題されやすい問題と言えます。

　系統図法や親和図法，PDPC 法などは，新 QC 七つ道具に属しますね。

　ブレーンストーミングは発想法の一種ですが，QC 七つ道具や新 QC 七つ道具には含まれていません。

【問 9 】

解答

(44)	(45)	(46)	(47)	(48)
カ	ア	ス	セ	サ

解説

　これは，パレート図をよく見ておられる方には解説の必要もないと思いますが，左右の縦軸のうち，左の縦軸には不適合の数が入りますね。その単位は度数ということになります。度数も広義には単位と見てもよろしいでしょう。また，右の縦軸には度数を累積して百分率（パーセント）にしたものが書かれます。その名称は累積度数百分率となります。当然その単位はパーセント，すな

わち，％ですね。

　横軸には，不適合の各項目が書かれるのですが，その一番右の位置には，「その他」に相当する項目が書かれます。したがって，一番右の柱だけが大きさの順に並んでいないことが往々にしてありますね。

【問 10】

解答

(49)	(50)	(51)	(52)	(53)	(54)	(55)
ソ	ウ	イ	ク	ク	シ	テ

解説

　二項分布は，コインの表裏のように２つの現象（事象）しかない時の分布です。２つの事象の確率をsおよびtとすると，$s+t=1$ですから，その試行をn回繰返した時に，sがx回，tがy回起こる確率は，次式のようになります。$(x+y=n)$

$$_nC_x s^x t^y =\ _nC_x\, s^x\,(1-s)^{n-x}$$

　コインの表裏の出る確率が0.5であることはわかりやすいと思います。それが5回とも表の出る確率は0.5^5となります。1回だけ表の出る確率は，次のようになります。

$$_nC_x s^x t^y =\ _5C_1 0.5^1 0.5^4 = 5\times 0.5^5$$

【問 11】

解答

(56)	(57)	(58)	(59)	(60)	(61)	(62)
イ	オ	ク	ア	カ	ケ	ウ

解説

　QC 七つ道具と新 QC 七つ道具に属するそれぞれの手法の特徴もご理解をお願いします。

第4章

【問 12】

解答

(63)	(64)	(65)	(66)	(67)	(68)
ト	タ	ケ	シ	コ	キ

解説

　求めるもののうち，最初の二つ（$\bar{x}$ および $\bar{y}$）はデータの平均値ですね。これらはその合計値をデータの大きさ（データの数）で割って求めますね。したがって，

$$\bar{x} = 97.3 \div 10 = 9.73 \fallingdotseq 9.7$$
$$\bar{y} = 76.9 \div 10 = 7.69 \fallingdotseq 7.7$$

次に，偏差平方和 S_{xx} には次のような公式がありました。

$$S_{xx} = \sum_{i=1}^{n} (x_i - \bar{x})^2 = \sum_{i=1}^{n} x_i^2 - \frac{\left(\sum_{i=1}^{n} x_i\right)^2}{n}$$

これを使いますと，

$$S_{xx} = 948.59 - (97.3)^2/10 = 1.861 \fallingdotseq 1.86$$

同様に，S_{yy} についても，

$$S_{yy} = 595.19 - (76.9)^2/10 = 3.829 \fallingdotseq 3.83$$

また，S_{xy} にも，似たような式がありました。

$$S_{xy} = \sum_{i=1}^{n} (x_i - \bar{x})(y_i - \bar{y}) = \sum_{i=1}^{n} x_i y_i - \frac{\left(\sum_{i=1}^{n} x_i\right)\left(\sum_{i=1}^{n} y_i\right)}{n}$$

これによって，

$$S_{xy} = 750.78 - 97.3 \times 76.9/10 = 2.543 \fallingdotseq 2.54$$

【問 13】

解答

(69)	(70)	(71)	(72)	(73)
オ	ク	オ	ア	エ

解説

　一見，びっくりするような問題に見えるかもしれませんが，わかってみると単純に足し算をするだけの問題ですね。それぞれ計算しますと次のようになります。×は0点ですから，計算の対象にはなりません。

A_1：○×3＋△×2＝2×3＋1×2＝8

A_2：◎×2＋○×2＋△×1＝3×2＋2×2＋1×1＝11

A_3：◎×2＋○×1＝3×2＋2×1＝8

A_4：○×1＋△×2＝2×1＋1×2＝4

A_5：◎×1＋○×1＋△×2＝3×1＋2×1＋1×2＝7

【問 14】

解答

(74)	(75)	(76)	(77)	(78)	(79)
キ	カ	コ	エ	ク	ア

解説

前後の文章を見てゆけば，順にお分かりになることと思います。

【問 15】

解答

(80)	(81)	(82)	(83)	(84)
○	×	○	×	×

解説

② 　記述は反対になっています。$\overline{X}$管理図では群ごとの平均が比較されますので，群間変動を，R管理図では群の中の範囲であるRが示されますので，群内変動を把握することができます。

③ 　記述の通りです。R管理図の上方管理限界線は必ず必要ですが，データ数が少ない時（データの大きさが7未満の時）には使用しないものとされています。

④ 　管理限界線は工程が正常な状態（管理状態）にある時のデータをもとに±$3s$（sは標準偏差）の位置に引かれています。異常がなくても±$3s$の線を

第4章

はみ出すことは確率的に0.3%程度ありえますので，管理限界線を越えた場合であっても必ず異常が発生しているとは決められません。

⑤　R管理図の下方管理限界線より下側に打点されるようになったとすると「悪い異常」とは言えないところですが，その原因を追求することによって品質改善が図られる可能性があります。「良い異常」と言うと変ですが，改善できる可能性も追求することが重要です。やはり，改善の可能性があれば追求しなければなりませんね。

【問 16】

解答

(85)	(86)	(87)	(88)	(89)	(90)
○	×	×	○	○	○

解説

②　小集団活動は活動の自主性が重要であることはその通りですが，そして，むやみに口をさしはさまないことも重要ですが，活動の方向性などにおいて修正が必要と判断される場合などにおいては，職場の管理者が適切な指導を行うことも必要です。

③　一般にベテランを小集団活動のリーダーとすることはままありますが，「常に」ということはなくてもいいはずです。場合によっては若い人が推進することもありえますし，二番手や三番手のベテランを次の指導者として育成することも重要です。

【問 17】

解答

(91)	(92)	(93)	(94)	(95)
イ	ウ	ア	カ	コ

解説

　いわゆる5Sの問題ですね。よくおわかりのことと思います。5Sにも段階があって，次のように見ている立場もあります。

2S：整理，整頓

3S：整理，整頓，清掃

4S：整理，整頓，清掃，清潔

5S：整理，整頓，清掃，清潔，躾

【問 18】

解答

(96)	(97)	(98)	(99)	(100)
エ	ア	キ	ク	コ

解説

正解を入れて，あらためて文章を掲載しますと，次のようになります。

品質保証は，アルファベットでは QA と略され，文字通り品質を保証することであり，品質保証には次のような側面がある。

1）客は店舗等において，基本的に生産者（製造者）を信用して商品を買うものであるので，生産者（製造者）は本来顧客に対して品質を保証すべきものである。この意味からこの種の商品は市場型商品にと言われる。

2）特定顧客にあっては，生産者（製造者）と顧客との話し合い（契約）で取引されるものがあるが，生産者（製造者）にはその契約を守る義務がある。この側面からこの種の商品は契約型商品と呼ばれる。

3）JIS に認定されている生産者（製造者）には，JIS が品質の保証を求めている。

4）本来的に品質保証は，企業の社会的責任を果たすための基本条件である。

第4章

付表　正規分布表

（I）　K_p から P を求める表

K_p	*=0	1	2	3	4	5	6	7	8	9
0.0*	.5000	.4960	.4920	.4880	.4840	.4801	.4761	.4721	.4681	.4641
0.1*	.4602	.4562	.4522	.4483	.4443	.4404	.4364	.4325	.4286	.4247
0.2*	.4207	.4168	.4129	.4090	.4052	.4013	.3974	.3936	.3897	.3859
0.3*	.3821	.3783	.3745	.3707	.3669	.3632	.3594	.3557	.3520	.3483
0.4*	.3446	.3409	.3372	.3336	.3300	.3264	.3228	.3192	.3156	.3121
0.5*	.3085	.3050	.3015	.2981	.2946	.2912	.2877	.2843	.2810	.2776
0.6*	.2743	.2709	.2676	.2643	.2611	.2578	.2546	.2514	.2483	.2451
0.7*	.2420	.2389	.2358	.2327	.2296	.2266	.2236	.2206	.2177	.2148
0.8*	.2119	.2090	.2061	.2033	.2005	.1977	.1949	.1922	.1894	.1867
0.9*	.1841	.1814	.1788	.1762	.1736	.1711	.1685	.1660	.1635	.1611
1.0*	.1587	.1562	.1539	.1515	.1492	.1469	.1446	.1423	.1401	.1379
1.1*	.1357	.1335	.1314	.1292	.1271	.1251	.1230	.1210	.1190	.1170
1.2*	.1151	.1131	.1112	.1093	.1075	.1056	.1038	.1020	.1003	.0985
1.3*	.0968	.0951	.0934	.0918	.0901	.0885	.0869	.0853	.0838	.0823
1.4*	.0808	.0793	.0778	.0764	.0749	.0735	.0721	.0708	.0694	.0681
1.5*	.0668	.0655	.0643	.0630	.0618	.0606	.0594	.0582	.0571	.0559
1.6*	.0548	.0537	.0526	.0516	.0505	.0495	.0485	.0475	.0465	.0455
1.7*	.0446	.0436	.0427	.0418	.0409	.0401	.0392	.0384	.0375	.0367
1.8*	.0359	.0351	.0344	.0336	.0329	.0322	.0314	.0307	.0301	.0294
1.9*	.0287	.0281	.0274	.0268	.0262	.0256	.0250	.0244	.0239	.0233
2.0*	.0228	.0222	.0217	.0212	.0207	.0202	.0197	.0192	.0188	.0183
2.1*	.0179	.0174	.0170	.0166	.0162	.0158	.0154	.0150	.0146	.0143
2.2*	.0139	.0136	.0132	.0129	.0125	.0122	.0119	.0116	.0113	.0110
2.3*	.0107	.0104	.0102	.0099	.0096	.0094	.0091	.0089	.0087	.0084
2.4*	.0082	.0080	.0078	.0075	.0073	.0071	.0069	.0068	.0066	.0064
2.5*	.0062	.0060	.0059	.0057	.0055	.0054	.0052	.0051	.0049	.0048
2.6*	.0047	.0045	.0044	.0043	.0041	.0040	.0039	.0038	.0037	.0036
2.7*	.0035	.0034	.0033	.0032	.0031	.0030	.0029	.0028	.0027	.0026
2.8*	.0026	.0025	.0024	.0023	.0023	.0022	.0021	.0021	.0020	.0019
2.9*	.0019	.0018	.0018	.0017	.0016	.0016	.0015	.0015	.0014	.0014
3.0*	.0013	.0013	.0013	.0012	.0012	.0011	.0011	.0011	.0010	.0010
3.5	.2326 E-3									
4.0	.3167 E-4									
4.5	.3398 E-5									
5.0	.2867 E-6									
5.5	.1899 E-7									

（II）　P から K_p を求める表（1）

P	.001	.005	0.01	.025	.05	.1	.2	.3	.4
K_p	3.090	2.576	2.326	1.960	1.645	1.282	.842	.524	.253

（III）　P から K_p を求める表（2）

P	*=0	1	2	3	4	5	6	7	8	9
0.00*	∞	3.090	2.878	2.748	2.652	2.576	2.512	2.457	2.409	2.366
0.0*	∞	2.326	2.054	1.881	1.751	1.645	1.555	1.476	1.405	1.341
0.1*	1.282	1.227	1.175	1.126	1.080	1.036	.994	.954	.915	.878
0.2*	.842	.806	.772	.739	.706	.674	.643	.613	.583	.553
0.3*	.524	.496	.468	.440	.412	.385	.358	.332	.305	.279
0.4*	.253	.228	.202	.176	.151	.126	.100	.075	.050	.025

索　引

索　引

218

著者

福井　清輔（ふくい　せいすけ）

＜略歴および資格＞
福井県出身
東京大学工学部卒業，および，同大学院修了
工学博士

＜著作＞
・「わかりやすい第2種冷凍機械責任者試験」（弘文社）
・「わかりやすい第3種冷凍機械責任者試験」（弘文社）
・「これだけ！2種冷凍機械合格大作戦」（弘文社）
・「これだけ！3種冷凍機械合格大作戦」（弘文社）

・「わかりやすい1級ボイラー技士試験」（弘文社）
・「わかりやすい2級ボイラー技士試験」（弘文社）
・「これだけ！1級ボイラー技士試験合格大作戦」（弘文社）
・「これだけ！2級ボイラー技士試験合格大作戦」（弘文社）
・「最速合格！1級ボイラー技士40回テスト」（弘文社）
・「最速合格！2級ボイラー技士40回テスト」（弘文社）

・「はじめて学ぶ公害防止管理者試験　水質関係」（弘文社）
・「はじめて学ぶ公害防止管理者試験　大気関係」（弘文社）
・「最速合格！公害防止管理者　水質関係50回テスト」（弘文社）
・「最速合格！公害防止管理者　大気関係50回テスト」（弘文社）

・「はじめて学ぶ環境計量士試験（濃度関係）」（弘文社）
・「はじめて学ぶ環境計量士試験（騒音・振動関係）」（弘文社）
・「わかりやすい環境計量士試験　共通科目（法規・管理）」（弘文社）
・「わかりやすい環境計量士試験　騒音・振動関係専門科目（環物・環音）」
　　　　　　　　　　　　　　　　　　　　　　　　　　　　（弘文社）
・「基礎からの環境計量士　濃度関係　合格テキスト」（弘文社）
・「基礎からの環境計量士　騒音・振動関係　合格テキスト」（弘文社）

弊社ホームページでは，書籍に関する様々な情報（法改正や正誤表等）を随時更新しております。ご利用できる方はどうぞご覧下さい。 http://www.kobunsha.org 正誤表がない場合，あるいはお気づきの箇所の掲載がない場合は，下記の要領にてお問合せ下さい。

よくわかる

3級 QC検定 合格テキスト

著　　　者	福井　清輔 ふく　い　せい　すけ
印刷・製本	亜細亜印刷株式会社

発　行　所	株式会社 弘文社	〒546-0012 大阪市東住吉区 中野2丁目1番27号 ☎　　(06)6797-7441 FAX　(06)6702-4732 振替口座00940-2-43630 東住吉郵便局私書箱1号
代　表　者	岡﨑　靖	

ご注意
（1）本書は内容について万全を期して作成いたしましたが，万一ご不審な点や誤り，記載もれなどお気づきのことがありましたら，当社編集部まで書面にてお問い合わせください。その際は，具体的なお問い合わせ内容と，ご氏名，ご住所，お電話番号を明記の上，FAX，電子メール（henshu2@kobunsha.org）または郵送にてお送りください。
（2）本書の内容に関して適用した結果の影響については，上項にかかわらず責任を負いかねる場合がありますので予めご了承ください。
（3）落丁・乱丁本はお取り替えいたします。